Günther Mayr

Der Frosch, der fliegen lernte, und andere Seitenblicke in die Welt des Wissens

Günther Mayr

DER FROSCH, DER FLIEGEN LERNTE,

und andere Seitenblicke
in die Welt des Wissens

ueberreuter

Danke, dass Sie sich für unser Buch entschieden haben!
Sie wollen über unser Programm auf dem Laufenden bleiben sowie über Neuigkeiten und Gewinnspiele informiert werden? Folgen Sie uns auf Social Media oder abonnieren Sie unseren Newsletter!

MIX
Papier | Fördert gute Waldnutzung
FSC® C106954

1. Auflage 2025

Frankgasse 4 | 1090 Wien
produktsicherheit@ueberreuter.at
ISBN 978-3-8000-7915-5

Covergestaltung und Satz: Saskia Beck | s-stern.com
Coverfoto: Barbara Wirl, wirlphoto.at
Illustrationen: shutterstock
Druck und Bindung: Imprint d.o.o. | Ljubljana, Slowenien

www.ueberreuter.at

INHALT

VORWORT

Einmal tippen mit dem Finger – auf dem Mobiltelefon erscheint die exakte Routenplanung zum gewünschten Ziel. Praktisch, nicht? Was hat dazu geführt, dass es so einfach ist? Vieles, das ursprünglich alles andere als einfach war: Es musste ein Telefon, unabhängig von Leitungen, erfunden werden. Dann ging es darum, die Bauteile in einem einigermaßen handlichen Format unterzubringen – im berühmten Handy. Die Stromversorgung wurde durch neu entwickelte Akkus sichergestellt. Für die einfachere Bedienung wurde ein Touchscreen entwickelt, der auf jede Berührung reagiert. Das Navigationssystem wurde durch Satelliten möglich, die genaue Ortungssignale aus dem Weltraum senden. Um die Satelliten ins All zu bringen, entwarfen Technik-Teams Raketen, die tonnenschwere Lasten von der Erde wegbringen. EDV-Spezialistinnen sorgen für einen reibungslose Kommunikation zwischen den Mobiltelefonen und erfinden immer wieder neue Anwendungen.

Vor einigen Jahrzehnten dachte niemand an diese technische Revolution für die Hosentasche. Niemand? Stimmt nicht. Techniker sagten mir vor dreißig Jahren, dass es in diese Richtung gehen werde. So war es bei vielen Dingen. Im Laufe meiner journalistischen Karriere habe ich oft erlebt, wie weit voraus Wissenschafter denken. Bei vielen Versuchen und Experimenten durfte ich dabei sein. Von dieser Abenteuerreise in die Welt der Forschung handelt dieses Buch. Es erzählt von gigantischen Projekten, von kleinen Schritten im Labor, die zu Meilensteinen in der Wissenschaftsgeschichte wurden. Von Menschen, die mit gefährlichen Selbstversuchen nach Lösungen suchten, von Gedankengängen, die beim Wandern entstanden und den Bau der größten Maschine der Erde auslösten.

Ich bedanke mich bei allen Wissenschafterinnen, allen Forschern dieser Erde, die mir mit viel Geduld Zusammenhänge erklären und Einblicke in ihre Welt erlauben. Ohne sie und ihre unermüdliche Suche nach neuem Wissen wären wir nicht dort, wo wir heute sind.

Ganz besonderer Dank auch für den Humor, dem ich in den verschiedensten Disziplinen immer wieder begegnen darf. An die wunderbaren Mittelalterforscherinnen der Universität Salzburg, die mir unter anderem die Geschichte eines frühen Terminators bereitstellten, der als Ritter den Beinamen „Waldverschwender" führte, weil er in den Kämpfen so viele Lanzen verbrauchte. Oder an die Astronautinnen, die von den Problemen mit den Weltraumtoiletten berichten. Sie werden staunen, wie menschlich unterhaltsam und lustig es in der ernsten Wissenschaft oft zugeht.

Ich hoffe, Sie haben ähnlich viel Spaß beim Lesen wie ich beim Erleben des Abenteuers Forschung.

Wien im Oktober 2025
Günther Mayr

FRAU DOKTOR RABE

Für mich war es ein großes Geschenk: Zum 650-Jahr-Jubiläum meiner sehr geschätzten Universität Wien, an der ich viele Jahre studierte und zum Akademiker wurde, darf ich einen Film machen. Ich stürze mich in die Vorarbeiten und beginne, ein Drehbuch zu schreiben. Es soll etwas Besonderes werden. Eine Studentin wird durch den Film führen, ich wühle mich durch die Archive und überlege, wie wir die Gründungsurkunde am besten in Szene setzen können.

Ich vereinbare Termine mit den Quantenphysikern, die in ihren Labors so herrliche Lichtspiele veranstalten – da jubelt das Herz des Fernsehredakteurs. Die tolle Bibliothek, in der ich unzählige Stunden verbracht habe, darf natürlich auch nicht fehlen. Historikerinnen zeigen mir in Dokumenten die schwarzen Kapitel der Universität während der Zeit des Nationalsozialismus, Astronomen bringen mich zu den uralten Teleskopen, die als Filmkulisse immer etwas hermachen, Botaniker öffnen ihre Gewächshäuser für uns.

Alles wunderbare Themen und wunderschöne Motive – aber irgendwie fehlt noch die Würze. Filmmenschen suchen immer nach Symbolen, mit denen das Publikum sofort etwas verbindet. Eine Universität steht für Klugheit. Als ich nach einer Vorbesprechung durch den Arkadenhof der Alma Mater Rudolphina gehe, hüpft mir eine freche Krähe fast auf die Füße. Moment: Stehen nicht Raben für Klugheit? Die norwegische Universität Tromsø führt die beiden Raben Hugin und Munin in ihrem Wappen. In der nordischen Mythologie sind sie die Boten von Gott Odin. Hugin steht für die Gedanken, Munin für die Erinnerung. Beide fliegen rund um die Welt, überbringen Odin das Wissen, das sie gesammelt haben. In Tromsø sind zwei Straßen nach den beiden klugen Raben benannt.

In Österreich sind es die weltweit bekannten Verhaltensforscher an der Universität Wien, die diese Vögel erforschen, erinnere ich mich. Zwei Tage später bin ich an einer Außenstelle der Universität in Niederösterreich. Martina, eine freundliche Biologin, zeigt mir ihren Arbeitsbereich. Kolkraben fliegen in großen Gehegen und turnen auf Ästen herum. Als sie ihre Betreuerin erblicken, kommen sie gleich angeflogen. Martina kennt sie alle mit Namen und spricht sie auch an. Sie wirken sehr zahm. Ich wage mich vor und frage Martina: „Glaubst du, die könnten ein paar Tricks machen, die wir dann filmen?"

„Kein Problem", antwortet sie.

„Ich hätte da aber eine besondere Idee – ist es denkbar, dass sie einen Schlüssel von einem Haken herunternehmen?"

Sie denkt kurz nach. „Wie lange haben wir Zeit?"

„Sechs Wochen."

„Das sollte sich ausgehen."

Mir schwebt eine Szene vor, in der ein Rabe den Schlüssel von einem Schlüsselbrett nimmt, ihn an einen anderen Ort bringt, wo ihn dann jemand findet und damit eine Tür aufsperrt.

„Für die Rolle kommt nur Joyi infrage", sagt Martina. Joyi ist eine junge Räbin, die als besonders lernwillig und fähig gilt. Martina wird mit ihr trainieren.

Wenige Wochen später rücken wir mit großem Equipment an. Zunächst müssen sich die Vögel an die Ausrüstung gewöhnen. Das geht erstaunlich schnell.

Raben sind extrem anpassungsfähig und haben bemerkenswerte Fähigkeiten. Werkzeuge zu gebrauchen, um zu einer schwer zugänglichen Nahrung zu kommen, zählt für die Vögel zum Alltag. Im Gegensatz zu anderen Tieren wie etwa Eichhörnchen erinnern sie sich genau daran, wo die Nahrung versteckt ist. Bei Dreharbeiten zeigen uns Biologinnen immer wieder die ausgeprägte Kommunikationsfähigkeit der Tiere. Sie unterscheiden zwischen verschiedenen Lauten und wissen genau, was sie bedeuten. Es werden auch immer wieder neue Dinge gelernt. Beim Gehege waren Bauarbeiten im Gange. In sehr kurzer Zeit konnten die Raben vom Geräusch einer Akkubohrmaschine über den Lärm eines Kompressors bis zum Presslufthammer alles nachmachen. Dabei wird auch geprotzt. Einzelne Vögel zeigen stolz, was sie gelernt haben, was sie in der Hierarchie nach oben bringen kann.

Joyi wurde zunächst gemobbt, erzählt uns Martina. Sie war schwächlich und traute sich nicht viel zu. Die erfahrene Wissenschafterin fand schnell heraus, dass Joyi aber sehr schlau und gelehrsam war. Dennoch habe ich vor der „Schlüsselszene" etwas Angst. Wenn die nicht gelingt, ist meine ganze Dramaturgie durcheinander, der Film ließe sich nicht mehr in der Form schneiden, wie er mir vorschwebt. An solchen Szenen sind schon große Filme gescheitert. Jetzt hängt das Gelingen also nicht von einem launischen Filmstar, sondern von einem Vogel ab. Bitte, Joyi!!!

Während wir im Respektabstand zusehen, geht Martina ruhig zum im Gehege montierten Schlüsselbrett und ruft: „Joyiiii!" Die Räbin kommt angetrabt, Martina zeigt mit dem Finger auf den Schlüssel. Joyi hüpft hin, schnappt den Schlüssel, hebt ihn vom Haken und wirft ihn zur Seite. Es wäre wirklich toll gewesen, wenn die Kameras schon gelaufen wären. Wir hatten sie noch nicht eingeschaltet, weil wir mit einem längeren Vorlauf gerechnet hatten. Jetzt müssen wir näher an das Schlüsselbrett, die Kameras justieren und einschalten. Joyi mustert uns argwöhnisch aus einigen Metern Entfernung.

„Kameras laufen" – ein bekanntes Signal bei Dreharbeiten. Martina wiederholt ihr freundliches „Joyiiii!" Die Räbin geht drei Schritte nach vor, hüpft zurück. Zwei Schritte nach vor – dann fliegt sie weg. Wir seufzen. Martina deutet uns, wir sollen ruhig bleiben. „Joyiiiiii!"

Nach ungefähr einer Minute landet sie zwei Meter neben der Biologin. Sie zögert kurz, dann schreitet sie entschlossen zum Brett, schnappt sich den Schlüssel, macht einige Schritte und wirft ihn dann weg. Innerhalb von einer Viertelstunde wiederholen wir das dreimal. Alles im Kasten. Wir applaudieren, Martina lächelt und Joyi träumt von Hollywood. Am nächsten Tag werde ich im Rektorat der Universität vorstellig. Ich räuspere mich.

„Ähm, ich hätte da eine Idee." Neugierige Blicke.

„Wir haben gestern bei euren tollen Biologen gefilmt. Da war ein Rabe, der war unglaublich."

„Oh, das freut uns. Hat alles geklappt?"

Ich spreche mit Engelszungen: „Perfekt, eure Wissenschafterin ist der Hammer, einfach großartig." Freundliches Nicken, gefolgt von einem längeren Schweigen.

„Ähm, was ich fragen wollte: Wie ich von meinem Studium weiß, bekommt man als Studentin oder Student ja eine Matrikelnummer, die nur einmal vergeben wird."

„Ja, natürlich!"

Ich gehe aufs Ganze. „Könnten wir diesem Raben – es ist eine Räbin – so eine Matrikelnummer ausstellen?" Stille. Gemurmel.

„Das Problem ist: Wenn wir eine Nummer vergeben, können wir das nicht mehr ändern, die ist ein für alle Mal zugeordnet."

Ich versuche es kaufmännisch. „Entstehen dadurch Kosten?"

„Nein, das nicht. Ok, wir reden mit dem Rektor."

Einige Tage später filmen wir Joyi, wie sie mit ihrem Schnabel auf einer Tastatur herumhackt. Sie immatrikuliert. Auch einen Studienausweis spendiert ihr die Universität.

Wenn Ihnen in den Archiven der Alma Mater Rudolphina eine Studentin mit etwas größerer Nase unter dem Namen Corvus Corax und der Matrikelnummer 1449905 unterkommt, bleiben Sie gelassen. Ist ja nicht der erste und sicher nicht der letzte schräge Vogel an der Wiener Universität.

AALGLATTER TYP ELEKTRISIERT PUBLIKUM

„Neiiiiiiiin!!!“, kreischen die Kinder. Der junge Biologe zieht den Arm wieder zurück, den er gerade in ein Aquarium tauchen wollte.

„Ich will ihn doch nur streicheln!“, sagt er.

„Der ist elektrisch!“, ruft aufgeregt ein kleines Mädchen im Blümchenkleid.

„Aber ich sehe kein Kabel und keine Steckdose – oder hat der Batterien im Bauch?“

Die Kinder blicken ihn ratlos an. Jetzt hat er ihre ganze Aufmerksamkeit. Wir sind in einem Forschungslabor im brasilianischen Manaus, eine Schulklasse wird von Jungforscher José gerade über die Gefahren im Dschungel und im Amazonas aufgeklärt. Im Aquarium liegt regungslos ein Zitteraal, sein klingender zoologischer Name ist Electrophorus electricus.

„Ihr habt natürlich recht, der kann wirklich elektrische Stromschläge austeilen – also Vorsicht!“, mahnt der Biologe. Er weiß, wovon er spricht: Zitteraale können Stromschläge mit Spannungen bis zu 800 Volt austeilen. Die Fische sind von der Evolution mit elektrischen Organen ausgestattet, mit denen sie ihre Beute betäuben können. Bei Gefahr setzen sie ihren inneren Generator auch als Abwehrwaffe ein und im oft trüben Wasser der südamerikanischen Flüsse dient er ihnen auch als Orientierungshilfe. Über besondere Sinneszellen bemerken sie, wenn ein anderes Tier in das elektrische Feld schwimmt, das von ihnen ausgeht.

Bei der Wahl ihrer Beute kennen die Tiere kaum Grenzen. Dringt ein Pferd in ihr angestammtes Territorium ein, attackieren sie, ohne zu zögern. Das beschrieb schon der legendäre Forscher Alexander von Humboldt, der im Jahr 1800 erstaunt Angriffe der seltsamen Kreaturen miterlebt und dokumentiert.

Um Exemplare zu fangen, treibt er mit einigen Männern Pferde in

Flussbereiche, wo Zitteraale leben. Die bedauernswerten Pferde werden sofort angegriffen, zwei ertrinken nach den Stromschlägen. Humboldt beschreibt es detailliert: „Mehrere Pferde erliegen den unsichtbaren Streichen, von denen die wesentlichsten Organe allerwärts getroffen werden; betäubt von den starken, unaufhörlichen Schlägen, sinken sie unter. Andere, schnaubend, mit gesträubter Mähne, wilde Angst im starren Auge, raffen sich wieder auf und suchen dem um sie tobenden Ungewitter zu entkommen; sie werden von den Indiern ins Wasser zurückgetrieben. Einige aber entgehen der regen Wachsamkeit der Fischer; sie gewinnen das Ufer, straucheln aber bei jedem Schritt und werfen sich in den Sand, zum Tod erschöpft, mit von den elektrischen Schlägen der Gymnoten erstarrten Gliedern. Ehe fünf Minuten vergingen, waren zwei Pferde ertrunken. Der fünf Fuß lange Aal drängt sich dem Pferd an den Bauch und gibt ihm nach der ganzen Länge seines elektrischen Organs einen Schlag.

Humboldt erkennt: „Die Pferde werden ohne Zweifel nicht todtgeschlagen, sondern nur betäubt; sie ertrinken, weil sie sich nicht aufraffen können, so lange der Kampf zwischen den andern Pferden und den Gymnoten fortdauert."

Was Humboldt richtig kalkuliert hatte: Durch die abgegebenen Stromschläge sind auch die Zitteraale selbst geschwächt – fünf Exemplare werden mit Netzen eingefangen. Dann folgt wieder das, was Wissenschafter ausmacht: Humboldt macht Selbstversuche und lässt sich von den Tieren Stromschläge verabreichen. Durch die vorangegangenen Angriffe auf die Pferde war der „Akkustand" der Zitteraale niedriger und waren die Auswirkungen dementsprechend geringer. Humboldt berichtet trotzdem davon, dass er bis zum nächsten Tag „Muskelschwäche, Schmerz in den Gelenken" und „allgemeine Übelkeit" verspürte.

Vorsichtig nähern sich zwei Burschen dem Aquarium und blicken dem regungslos am Boden liegenden Zitteraal ins Auge. Der Respekt ist ihnen anzusehen.

Unter Wasser haben die Tiere nur ein begrenztes Waffenarsenal.

Wenn sie den Huf eines Pferdes attackieren, wird die elektrische Ladung nur auf jene Körperteile abgegeben, die unter Wasser sind. Ein Großangriff findet über Wasser statt.

An der Vanderbilt Universität im US-amerikanischen Nashville hat der Biologe Ken Catania in Versuchen dieses Verhalten nachgewiesen. Mit Attrappen reizte er in seinen Aquarien Zitteraale. Die Fische katapultieren sich aus dem Wasser und berühren mit ihrem Kopf Teile des Beutetieres, mit ihrem Schwanz schließen sie dann den Stromkreis.

Der Kopf des Zitteraals wäre, denkt man sich eine Batterie, der Pluspol, der Schwanz der Minuspol. So entsteht die größtmögliche Spannung, die tatsächlich auch größere Tiere betäuben kann. Innerhalb weniger Tausendstelsekunden geben sie bis zu acht Stromstöße ab, bei Versuchen schafften einzelne Exemplare bis zu 150 Stromstöße pro Stunde. Bis heute ist es ein ungelöstes Rätsel, wie und warum die Tiere selbst die Stromladung aushalten. Auch das System, mit dem sie ihre „Akkus" wieder aufladen, wird immer noch erforscht.

Die Schulklasse in Manaus lauscht andächtig den spannungsgeladenen Erzählungen von José, der ihnen mit einer Plüschschlange demonstriert, wie sich die Aale mit ihrem Bauch an ihre Opfer schmiegen und gleichzeitig die Stromschläge verteilen. Plötzlich wirft er das Plüschtier unter die Kinder – voller Entsetzen weichen sie zurück – wer weiß, was in ihm steckt?

Im Amazonasgebiet gehört es zu den Aufgaben von Wissenschaftern, junge Menschen über die Gefahren, aber auch über die Faszination ihrer Umwelt aufzuklären. Viele Forscher haben schon einmal einen elektrischen Schlag von einem Zitteraal ausgefasst. Zwar ist die Spannung sehr hoch, die Stromstärke allerdings sehr niedrig, vergleichbar mit einem Weidezaun, der mehrere Tausend Volt, aber eine sehr niedrige Stromstärke hat. Deshalb werden Weidetiere bei Kontakt ordentlich geschockt, jedoch nicht ernstlich verletzt – so wie besonders schlaue Touristen, die sich den Kitzel einmal gönnen wollen.

José ist ein großer Motivator. „Wir wissen noch gar nicht so viel über diese Tiere, da gibt es noch viel zu entdecken. Wer von euch möchte einmal eine Forscherin werden? Wer interessiert sich für die Tiere?“ Zaghaft heben sich einige Hände.

„Ich seh schon, der Aal ist nicht euer großer Freund“, seufzt José und stopft die Plüschschlange wieder zurück in seine Tasche. Er weiß, was zu tun ist.

„So, meine kleinen Freunde. Jetzt stell ich euch noch eine Frage: Wer möchte Amazonas-Delfine sehen?“

„Ja, Delfine!“, jubeln die Kinder.

Mürrisch wendet sich der Zitteraal in seinem Aquarium von den Kindern ab. Da baut man als Fisch so viel Spannung auf, elektrisiert das Publikum – und dann endet man doch wieder als Vorgruppe für diese großnäsigen, dauergrinsenden Säugetiere.

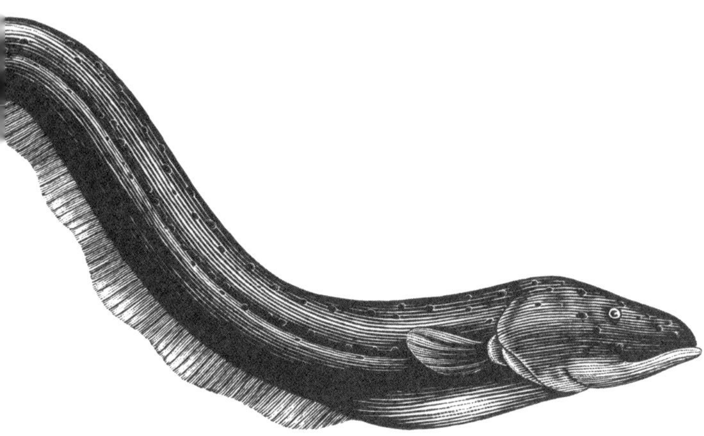

IM KOTZBOMBER

Der Pilot mustert uns prüfend. „Ich gehe jetzt einmal davon aus, dass niemand von euch Flugangst hat.“ Zustimmendes Gemurmel. „Und jetzt bitte ehrliche Antworten: Wem ist beim Fliegen oder in der Achterbahn schon einmal schlecht geworden? Bitte, wirklich ehrlich – ich brauche keine selbst ernannten Helden, sondern ein sauberes Flugzeug.“ Zaghaft heben sich einige Hände.

„Gut. Sie bekommen da vorne Medikamente – bitte so nehmen, wie man es Ihnen sagt – guten Flug uns allen!“

Wir stehen auf einem Flugfeld in der französischen Stadt Lyon. Dreißig junge Wissenschafter und ich als Journalist haben das große Los gezogen: Wir dürfen einen Parabelflug absolvieren, ein Flugmanöver, bei dem Schwerelosigkeit trainiert wird. Nach einer flugärztlichen Untersuchung werden wir von einem Flugbegleiter unterwiesen: „Bei einer Notlandung im Wasser werdet ihr Schwimmwesten bekommen. Hier rechts, das ist die Pfeife – möglichst laut trillern, damit wir Sie hören – wenn Sie selbst Posaunen hören, – dann haben Sie es in den Himmel geschafft.“ Der Mann hat Humor.

Mit ihm an der Spitze betreten wir das Flugzeug. Es ist ein umgebauter Airbus, der innen ausgepolstert ist wie eine Schutzzelle für aggressive Menschen. Die Flugbegleiter in ihren orangen Overalls ergänzen das seltsame Bild: Sie wirken wie Wärter einer geschlossenen Anstalt. Ganz vorne sind noch einige Sitzreihen, bei Start und Landung müssen wir uns dort hinsetzen und uns anschnallen. Das Abheben ist demgemäß wie in einem normalen Passagierflugzeug – aber es wird alles ganz, ganz anders kommen. Es gibt keine Vorwarnung. Plötzlich ist es für einen Moment ganz still. Was dann folgt, ist vergleichbar mit der Stimmung in einem Stadion, wenn der Ball knapp am Tor vorbeifliegt. „*Whoooooooaaaaaaaoooooooh!!!*“, röhrt es durch die Kabine. Manche kreischen, viele brüllen. „Mama Mia!!!“ – die Italiener sind unverkennbar.

Ich habe das Gefühl, in mich selbst zu fallen. Plötzlich sehe ich einen der Flugbegleiter über mir an der Decke. Das Gehirn versucht verzweifelt, die Situation einzuschätzen; ich begreife aber nur sehr langsam, dass wir jetzt gerade schwerelos sind.

Der Pilot hat das Flugzeug wie über eine Kuppe geflogen und lässt es jetzt absacken – wir im Inneren segeln durch den Flieger. Bis ich realisiert habe, was los ist, schwebt schon einer der orangen Begleiter heran und sagt mir, ich solle mich an einem der am Boden gespannten Gurte festhalten. Mir wird bald klar, warum: Ich spüre, wie ich immer schwerer werde. Dann drückt es mich mit Macht auf den gepolsterten Boden – der Kapitän hat die Maschine abgefangen. Dann steigen wir wieder.

Einzelne unserer Amateur-Astronauten-Truppe sehen sich an. Angespannt alle, manche ängstlich. Denn eines ist klar: Das war erst der Auftakt. Ich höre die Triebwerke aufheulen – wieder geht es steil nach oben. „Oh fu …“, stöhnt eine britische Studentin, die neben mir am Boden kauert. Bevor ich darüber nachdenken kann, hebt es mich wieder aus. Die Studentin hält sich am Boden fest – ihre Beine sind jetzt plötzlich oben – sie lässt los und schwebt an mir vorbei – ihre langen Haare flattern in alle Richtungen und ihr Gesichtsausdruck ist ein einziges fassungsloses Fragezeichen.

Nach einigen Parabeln, wie das im Flugwesen heißt, beginnt sich das Gehirn auf die Ausnahmesituation einzustellen. Die ersten Studenten beginnen an ihren Geräten zu hantieren – sie sollen in der Schwerelosigkeit ihre Experimente machen. Darum geht es hier: Was ändert sich durch die Schwerelosigkeit, der Astronauten und Geräte im Weltraum ausgesetzt sind? Wie reagieren Fische darauf – auch ein Aquarium ist an Bord. Diese beflossten Passagiere schweben also zweifach: Einmal im Wasser, einmal in der Schwerelosigkeit der Kabine. Der Goldfisch starrt verdutzt eine Luftblase an, die sich mitten im Wasser gebildet hat.

Zwei Grazer Studenten nuckeln freischwebend an kleinen Röhrchen: Sie wollen herausfinden, wie steirisches Kürbiskernöl in der Schwerelosigkeit schmeckt. Ein Versuch, auf den die Welt sicher schon lange gewartet hat. Die europäische Weltraumagentur ESA setzt hier die wissenschaftlichen Maßstäbe nicht allzu streng an. Es geht darum, junge Menschen für die Raumfahrt zu begeistern und ein Gefühl für die schwierigen Bedingungen da oben im All zu bekommen. Einer aus der Gruppe der Italiener verflucht dieses Gefühl gerade: Er liegt gekrümmt am Boden und presst sich eine braune Papiertüte an den Mund. Man hat uns eingeschärft, im Fall des Falles die berühmten Übelkeitscontainer ganz fest auf das Gesicht zu drücken. Fliegenden Pizza-Service braucht hier wirklich niemand. Als ich die Zuckungen und Würgeanfälle des bedauernswerten jungen Mannes sehe, weiß ich, warum dieses Flugzeug diesen unappetitlichen Beinamen hat: „Kotzbomber".

Irgendwie freue ich mich schon auf den nächsten Magenkitzel – zu meinem Glück vertrage ich solche Dinge sehr gut. Wieder steil nach oben. Jetzt sitze ich schon wie ein junger Vogel auf seinem Ast und warte, bis ich fliegen kann. Juhhh-chuu! 22 Sekunden ohne Gewicht, ohne irgendwelchen Druck.

Einige Gesichter strahlen – andere leiden sichtlich. Jetzt beginnt wieder das Abfangen der Maschine. Ich entwickle die Fantasie, dass die Flügel dem Druck nicht mehr standhalten und nach oben klappen, wie wenn ein Hund die Ohren aufstellt. In solchen Situationen hilft immer mein Credo: Denn die wissen, was sie tun. So ist es.

Diese Parabelflüge wurden in den 1950er-Jahren in den USA erfunden – von deutschen Technikern rund um das Raumfahrt-Genie Wernher von Braun. Wer wohl der Erste war, der durch die Kabine gepurzelt ist? Sehr oft natürlich jene Männer, die als Erste am Mond waren – Neil Armstrong und Buzz Aldrin. Trainiert wird bis heute mit solchen Maschinen. Oder unter Wasser, wo man zumindest etwas Ähnliches wie Schwerelosigkeit simulieren kann. Auch das habe ich schon mitgemacht – in den großen Becken der NASA.

Der Aufwand für die Vorbereitung von Weltraummissionen ist enorm. Denn da oben im Weltraum darf einfach nichts schiefgehen, jeder kleine Fehler kann sofort in einer Katastrophe enden. Auch am Boden können sie passieren. Drei Astronauten sind 1967 bei einem Test hilflos in einer Kapsel verbrannt, weil eine elektrische Leitung defekt war und ein winziger Funke zu einem Höllenfeuer führte. Bis heute erzählen NASA-Techniker schaudernd von den Hilfeschreien der Eingeschlossenen.

Die Sicherheitsvorkehrungen wurden weiter verschärft und Trainingsmissionen werden immer und immer wieder geübt. Vor allem für lange Weltraum-Ausflüge sind neben der Schwerelosigkeit viele Faktoren wichtig.

In Innsbruck testet Österreichs Astronauten-Kandidatin Carmen Possnig, wie es sich auf den Körper auswirkt, wenn man sehr lange keine Bewegung macht. Testpersonen liegen tagelang auf einem Bett und müssen dann aufstehen. Wie geht es ihnen dann?

Bei einer Reise zum Mars wird das ein sehr wichtiges Kriterium sein – wie hält man sich auf engstem Raum fit? Auch psychisch. „Das ist oft das größte Problem“, sagt mir der langjährige Kommandant der Internationalen Raumstation, Chris Hadfield. Er schwebte Gitarre spielend durch die Raumstation und gab David Bowies „Major Tom“ zum Besten. Mehr als fünfzig Millionen Mal wurde sein Video im Internet abgerufen. Die Faszination Schwerelosigkeit lässt uns alle auch so nicht los.

DER ALTE MANN UND DAS MEER

Da sitzt er mir also gegenüber. Der Mann, der mir so viele Kindheitsträume geschenkt hat. Der Mann, mit dem ich in die Tiefen der Ozeane abgetaucht bin. Der Mann, der mir eine Faszination vermittelt hat, die bis heute anhält. Da sitzt Hans Hass. Die Legende. Er ist ein betagter Mann geworden, doch die Augen leuchten noch wie früher. Einmal ist er noch aufgebrochen zu den Malediven, dem Tauchparadies, das er als Erster erkundet hat.

Wo heute Schwärme von Sporttauchern um die Motive buhlen, hat er eine unberührte Welt vorgefunden, die noch kein Mensch so gesehen hatte.

„Was hat Sie angetrieben, Hans Hass?"

„Ich war einfach fasziniert von diesem Unterwasserreich. Als ich 1939 in der Karibik getaucht bin, war das schon so. Man kommt den Tieren unter Wasser viel näher als zum Beispiel in einem Wald. Und man schwebt durch diese seltsam fremde Welt."

Er war der Erste, der unter Wasser fotografierte, nach seinen Plänen wurden die ersten Unterwasser-Kameras gebaut. Der britische Star-Dokumentarist Sir David Attenborough adelte den Österreicher mit dem Satz: „Hans, you started it all." Tatsächlich hat alles mit diesen Pioniertaten begonnen.

„Wir wollten den Menschen zeigen, was wir da unten erlebt hatten."

„Die Muräne, Herr Hass, wie war das?"

„Ja, wissen Sie, alle reden immer von den Haien. Aber es gibt viel gefährlichere Tiere. Die Muräne hat mich tatsächlich im knietiefen Wasser verfolgt. Da kann wirklich schnell etwas passieren."

Niemand zuvor hatte es gewagt, in die unbekannten Tiefen vorzudringen. Seine Verlobte Lotte – das erste wissenschaftliche Pin-up-Girl der Geschichte. Das berühmte Foto: Mit der rechten Hand hält sie sich an der Fluke eines Wales fest, in der linken Hand die Harpune. Es ging um die Welt.

„Natürlich hat das den Menschen gefallen, dass da auch eine hübsche Frau mitmacht. Aber Lotte war wirklich begeistert vom Tauchen."

Die beiden planten ihre Hochzeitsreise so, dass sie in dieser Zeit tauchen können. In Australien, am Great Barrier Reef. Im Ozean rund um Australien wimmelt es von Haien. Zunächst wollen es die Australier nicht glauben, dass einer so wahnsinnig ist, sich in den Lebensraum der Räuber zu begeben. Dann beginnen die Zeitungen darüber zu berichten. Einige davon wetten mit ihren Lesern, wie lange der verrückte Österreicher überleben wird. Ein paar Stunden? Zwei Tage, länger sicher nicht, wird prophezeit.

„Wer auf mich gesetzt hat, hat gewonnen!", lächelt mir der alte Mann ins Gesicht.

„Aber jetzt einmal ehrlich: Haben Sie nie Angst gehabt da unten?"

„Nein, da waren die Neugierde und die Abenteuerlust viel größer, ich hatte da keine Bedenken, keine Ängste."

Ängste treiben das Geschäft an. Immer im Mittelpunkt: Haie. Die Menschen können gar nicht genug bekommen von den gefährlichen Begegnungen. Und Hans Hass liefert. „Menschen unter Haien" – ein Film, lange vor Spielbergs „Der weiße Hai" ein Publikumsmagnet.

Das Buch mit dem blutrünstigen Titel „Der Hai – Legende eines Mörders" ist nicht darauf ausgerichtet, die Gefährlichkeit des Fisches in den Vordergrund zu stellen, ganz im Gegenteil. Gemeinsam mit dem Verhaltensforscher Irenäus Eibl-Eibesfeldt beschreibt Hass die Faszination, die von den großen Räubern ausgeht.

„Sie sind ja bis heute ein Anwalt der Haie?"

„Ja, natürlich – diese Tiere sind ja seit Millionen Jahren im Meer. Sie sind Raubtiere, so wie viele andere Lebewesen auch. Wir sollten sie schützen, nicht jagen."

Für den Schutz der Lebensräume im Meer setzt er sich ein Leben lang ein.

Mit dem legendären Segelschiff Xarifa bricht er im August 1951 auf zu einer großen Expedition. Die Route führt zu den Azoren, dann nach Teneriffa, weiter über die Karibik und den Panamakanal bis zu den Galapagos-Inseln.

„In der Karibik habe ich ja schon 1939 getaucht, das habe ich schon gekannt. Das Schöne ist ja, dass man im Meer nie weiß, was hinter dem nächsten Felsen auftaucht, was in einer Höhle auf einen wartet."

Aber heute, ist da nicht schon alles erkundet, alles gesehen?

„Nein, das glaube ich gar nicht. Vor allem nicht in der Tiefsee, da kommt man als Taucher ja nicht hin. Da wartet noch sehr viel Faszinierendes auf uns Menschen, ich bin sicher."

Im Oktober 1957 dann die Fahrt mit der Jacht Xarifa ins Rote Meer. Unter österreichischer Flagge, Heimathafen Wien. Der Film darüber wird zur Legende, zum Vorbild für Unterwasserdokumentationen und Expeditionsfilme.

Unvergesslich die Kommentare zu einer Begegnung mit einem Walhai: „Er glotzt mich an. Aus nächster Nähe filme ich das mächtige Maul. Oh, das ist ein Maul! Ein Maul wie ein Scheunentor!" Untermalt mit abenteuerlicher Musik, mit Spielszenen. Immer gut in Pose gesetzt: Lotte Hass, das Model der Expeditionen.

Die Filme werden zu Kassenschlagern.

„Heute ist der Tauchtourismus ein Riesengeschäft. Es wird auch einiges zerstört. Haben Sie da auch ihren Anteil?"

Lange Pause, dann hebt er etwas ratlos die Schultern.

„Wahrscheinlich. Aber glauben Sie, das wäre ohne mich nicht passiert? Dann hätte es jemand anderer begonnen. Menschen lassen sich nicht aufhalten, Dinge zu tun."

Er jedenfalls nicht. Vom Roten Meer weiter zu den Malediven. Das Tauchparadies schlechthin.

„Und da waren Sie ganz allein?"

„Ja, ganz allein in dieser wunderschönen Unterwasserwelt, das war schon anders als heute. Ich hatte auch keine Seekarten, gar nichts. Diese vielen Riffe und Atolle, das war schon verwirrend. Das musste ich alles für mich entdecken." 2005 kehrt er noch einmal zu den Malediven zurück, fast fünfzig Jahre, nachdem er dort zum ersten Mal in die Tiefe sank. Mittlerweile sind Geschwader an Sporttauchern unterwegs.

Aus dem Tauchrevier eines Mannes ist der Abenteuerspielplatz für betuchte Touristen aus der ganzen Welt geworden. So mancher Unterwasser-Bewohner hat schon mehr Kameralinsen gesehen als Artgenossen. Die von Hans Hass entwickelten Unterwasserkameras sind marinen Sofortbildkameras gewichen, Hunderte Smartphones im Gehäuse liefern die immer gleichen Szenerien und Bilder, jeder kann sich einbilden, ihm sei der beste Schnappschuss gelungen. 2005 ist Hans Hass einer unter vielen, der Igelfisch stellt sich artig vor ihn, als wüsste er, wen er vor sich hat, viele der Hobby-Aquanauten bemühen sich, mit der Tauchlegende im Bild zu sein.

„Aber insgesamt hat sich nicht so viel verändert. Es ist immer noch ein wunderschöner Platz auf diesem Planeten."

Eine Meeresschildkröte kreuzt seinen Weg. Die Tiere werden alt. Womöglich hat sie ihn vor vielen Jahrzehnten auch schon gesehen. Und sie hat das mitbekommen, was in ihrem riesigen Lebensraum zum immer größeren Problem wird.

„Was mir Sorge macht, ist, dass die Meere immer wärmer werden. Und da kann man schon erkennen, dass viele Korallen abgestorben sind, dass das den Ozeanen gar nicht guttut."

Die Bilanz für die Öffentlichkeit: 73 Filme gedreht, 32 Bücher geschrieben. „Wir kommen aus dem Meer" ist eines seiner erfolgreichsten Bücher, geschrieben, als ich noch nicht auf der Welt war. In meiner Kindheit habe ich es verschlungen. Den kleinen Film, den ich über ihn machen durfte, sieht er sich an. „Ist schön geworden." Ein Lob von einem ganz Großen. Danke, Hans Hass!

RINDERWAHN MIT FOLGEN

Rinder, Rinder, nichts als Rinder. Wir drehen auf der größten Rinderfarm Brasiliens für eine Dokumentation über die Welternährung. Die Farm „Facienda Bodoquena" im Bundesstaat Mato Grosso verfügt über eine Fläche von 260.000 Hektar, eine Fläche, so groß wie das österreichische Bundesland Vorarlberg. 80.000 Rinder leben auf den Weiden der Farm, das Grasland wurde zu großen Teilen dem Dschungel abgerungen. Gauchos, brasilianische Rinderhirten, wachen über die Herden, registrieren die neu geborenen Kälber und markieren sie mit Brandzeichen.

Der Verwalter der Farm ist ein freundlicher Mann in den Fünfzigern. Er erklärt uns bereitwillig, wie hier Viehwirtschaft betrieben wird. An einem sehr heißen Abend treffen wir uns mit einigen Gauchos auf einer Weide. Sie sind alle mit Pferden unterwegs, mit ihren Lassos zeigen sie uns spektakuläre Würfe, um Rinder einzufangen. Natürlich stellen wir uns für unseren Film eine Szene vor wie in einem italienischen Western: Am Horizont wirbelt Staub auf, eine große Rinderherde stürmt auf die Kamera zu. Und natürlich kennen die Gauchos solche Klischees. Sie versprechen uns, am nächsten Tag eine Herde zusammenzutreiben, und zeigen uns den Platz, wo wir die Kamera aufstellen können, um alles gut im Blick zu haben.

Am nächsten Morgen sind wir schon sehr früh dort und beginnen, die Kamera auf einem Stativ aufzubauen. Die Lichtstimmung ist ideal, in ungefähr einer halben Stunde sollten die Rinder am Horizont auftauchen. Christian, unser großartiger Kameramann, blickt alle paar Minuten durch den Sucher, um sich zu vergewissern, dass alles ordentlich eingestellt ist.

Dann sehen wir am Horizont eine Staubwolke. Es geht los. Die Staubwolke wird immer größer. Dann erkenne ich die ersten Rinder. Ich versuche, sie zu zählen. Sinnlos – es sind viel zu viele.

Wenig später ist der gesamte Horizont voll mit Tieren. Sie galoppieren auf uns zu – und zwar deutlich schneller, als ich dachte. Mir wird etwas mulmig. Christian wirft mir kurz einen Blick zu, der auch nicht gerade Sicherheit ausstrahlt. Aber er bleibt tapfer bei der Kamera stehen. Jetzt höre ich das Geräusch der trampelnden Hufe, die gehörnten weißen Köpfe wogen auf und ab, da kommt eine riesige Rinderwelle auf uns zu – wenn das nur gut geht!

Eines ist klar: Weglaufen können wir nicht mehr. Ich sehe die Augen der Tiere, ihre fliegenden Ohren – nein, die achten nicht auf uns, die rennen stur geradeaus. Irgendwo höre ich den Ton eines archaischen Hornes. Wenig später jagen von rechts drei Gauchos heran, sie schwingen ihre Lassos und schreien gellend. Die Herde schwenkt langsam nach links, die Gauchos brüllen, dann donnert der Pulk an der Kamera vorbei. Das Getöse der trampelnden Herde mischt sich mit den Rufen der Hirten, die wogenden Rinderleiber jagen an uns vorbei.

Nach endlosen Minuten verhallen die letzten Hufschläge und es wird ruhiger. Das muss eine großartige Aufnahme geworden sein. Als sich Christian zu mir umdreht, recke ich den Daumen nach oben. Er schüttelt den Kopf, dann schlägt er sich mit der flachen Hand auf die Stirn. Langsam kommt er auf mich zu, klopft sich Staub von seinem Hemd und seiner Hose, dann sagt er: „Wir sind Idioten!"

Meinen ängstlichen Blick wartet er ab, dann fragt er mich: „Hast du gespürt, wie der Boden gebebt hat?" Ich ahne Böses.

„Ja genau, die Kamera natürlich auch, es ist alles verwackelt, können wir wegschmeißen." Mir wird ein bisschen schlecht. Was für ein dummer Anfängerfehler!

Zwei Gauchos tauchen auf und sehen uns erwartungsvoll an, heben die Daumen und grinsen. Dann bemerken sie, dass uns nicht gerade zum Feiern zumute ist. Wie sollen wir ihnen jetzt erklären, dass ihre ganze Kunst umsonst war, weil ein paar Film-Dilettanten zu blöd waren, Grundlegendes zu bedenken? Zu behaupten, es hätte ein technisches Problem gegeben, kommt für mich nicht infrage. Zu seinen Fehlern muss man stehen.

Nach unserer Beichte sehen sie uns an, grinsen und zucken die Achseln.

„Dann machen wir es halt noch einmal – dauert aber ein bisschen, denn die gleiche Herde spielt uns nicht noch einmal mit. Da müssen wir andere zusammentreiben." Was für eine Gelassenheit. Dann wollen sie wissen, wie wir das Problem der bebenden Erde denn lösen wollen.

„Wir hängen die Kamera elastisch auf, die zweite Kamera trägt der Kameramann auf der Schulter" – das hätten wir eben vorher bedenken sollen.

Beim zweiten Mal klappt wirklich alles nach Plan, wir kriegen unsere Bilder. Wir beschließen, für die großartigen, geduldigen Gauchos am Abend ein kleines Fest auszurichten, der Verwalter stimmt freudig zu.

Bei solchen Gelegenheiten erfährt man oft von den wirklichen Problemen. Dass das Fleisch der Rinder zu großen Teilen für den Export bestimmt ist. Fleisch für die Satten, Fleisch für die Reichen. Fleisch, das nie in den Töpfen der Hungernden landen wird. „Brasilien ist ein so großes Land, reich an Bodenschätzen, an Ressourcen – warum haben die Brasilianer so wenig davon?", fragt mich Juan, der uns bei den Aufnahmen so geholfen hat. Darauf haben wir leider keine Antworten. Wissenschafter vor Ort werden mir später sagen, dass es der unheilvollste Kreislauf sei, den man sich vorstellen könne: Der Regenwald wird abgeholzt für den Soja-Anbau und für die Rinderzucht.

Über Satelliten-Aufnahmen kann die Rodung sehr genau dokumentiert werden. Im Jahr 2024 wurde wieder einmal ein Rekord erreicht. Eine Fläche von 18 Fußballfeldern ging verloren – pro Minute. Eine Steigerung von 80 Prozent im Vergleich zum Vorjahr. In den meisten Fällen sind es Brandrodungen – der Urwald wird einfach abgefackelt. Wir konnten das bei unseren Dreharbeiten über die Jahre immer wieder beobachten. Es sind oft Landlose, die keine andere Möglichkeit sehen, als sich eine kleine Fläche für den Anbau von Mais oder Maniok zu schaffen. Nackte Kinder sehen wir auf verkohlten Baumresten spielen, in dürftigen Hütten ohne Wasser, ohne Strom fristen Familien ein karges Dasein. Wenn sie Pech haben, werden sie auch noch von Großgrundbesitzern oder Holzfällern bedroht, die ihren illegalen Geschäften nachgehen wollen.

„Was soll ich denn tun, wo soll ich denn hin? Wir können nicht lesen, wir können nicht schreiben, wir haben nichts gelernt“, sagt mir ein Vater von vier Kindern, die schwarz sind von den Ascheresten auf dem gerodeten Land. Auf den quadratkilometergroßen Flächen ist es der Anbau von Futtergetreide, von Soja, für den der Urwald geopfert wird. Das funktioniert bei den Dschungel-Böden aber maximal ein paar Jahre, dann sind nicht mehr genug Nährstoffe da, die nächsten Bäume werden gefällt. Damit gehen die großen CO_2-Speicher verloren, was wiederum den Klimawandel anheizt. Den Menschen, die in Brasilien leben, muss man das nicht erzählen, sie wissen das.

„Aber was soll ich denn sonst machen, in die Stadt ziehen? Und woher nehmt ihr dann das Fleisch?“, fragt Juan. Ich erzähle ihm, dass ich von einem Bergbauernhof stamme, wo meine Eltern fünf Kühe als Lebensgrundlage haben. Er zeigt mir die fünf Finger seiner rechten Hand. „Fünf?? – aber wovon leben die?“ Jetzt versteht er die Welt gar nicht mehr. Und ich genauso wenig.

DER SCHUTZPATRON DER ELEKTRIKER

Der freundliche ältere Herr empfängt mich mit einem Lächeln. Das Kamerateam beginnt mit dem Aufbau von Licht- und Ton-Equipment. Gottfried Biegelmeier blinzelt ins Scheinwerferlicht.

„Sehen Sie, alles elektrisch – und niemand hatte sich damals überlegt, was alles passieren kann."

Vor mir sitzt der Erfinder des FI-Schalters oder „Schutz-Schalters", wie er in Österreich gerne genannt wird.

Ein FI-Schalter registriert, wenn der Strom plötzlich einen anderen Weg nimmt, zum Beispiel, wenn ein Mensch die Leitung berührt. Dann unterbricht der Schalter den Stromkreis und schützt so vor Stromschlägen.

Dieses Prinzip hat Gottfried Biegelmeier entwickelt. Es ist noch heute die Grundlage für viele Schutzeinrichtungen. Die österreichische Erfindung ist mittlerweile auf der ganzen Welt zu einem wichtigen Standard geworden, der natürlich immer weiterentwickelt wurde.

„Am Anfang haben wir ja gar nicht genau gewusst, was Strom anrichten kann", sagt Biegelmeier.

Was macht man in so einem Fall? Man probiert am eigenen Leib aus, was passiert. Genau das tut der mutige Erfinder in den 1960er-Jahren.

Auf alten Fotos sieht man, wie er vor Messgeräten auf stromführende Spulen greift. Damit die Sache auch wirklich spannend wird, taucht Biegelmeier seine Hände zunächst in Salzwasser, dann greift er beherzt auf eine stromführende Leitung. Er beginnt mit 20 Volt, steigert auf 40, dann auf 80. „Da wird es dann schon kribbelig", berichtet mir der energiegeladene Techniker. Aber das ist ja dann nicht wirklich das Schlimmste, was einem Menschen passieren kann. In Österreich fließt der Strom mit 220 Volt und 16 Ampere durch die

Leitungen der Haushalte. Biegelmeier sieht mich über seine Brille an. „Man muss ja schlussendlich den Ernstfall testen."

Weil er ein sehr akribischer und genauer Experimentator ist, erzählt er mir, dass er nicht 220 Volt, sondern 200 Volt durch seinen Körper geschickt hat.

Mir wird mulmig. „Und wie ist es Ihnen dann ergangen?".

Er legt seinen Kopf etwas schief, kratzt sich am Ohr und sagt mir dann vor laufender Kamera: „Ich bin kein ängstlicher Mensch, aber die Wirkungen waren sehr stark. Man wird vom Sessel hochgerissen, die Arme werden vor der Brust verkrampft. Ich hatte starke Schmerzen in den Gelenken, vor allem in den Schultergelenken."

Ich erinnere mich an Dreharbeiten in der „Elektropathologischen Sammlung" des Naturhistorischen Museums, die im berüchtigten Wiener „Narrenturm" untergebracht ist. Dort sind die Folgen von Stromstößen anhand von Präparaten von Menschen, Tieren und Gegenständen ausgestellt. In der Beschreibung der Sammlung heißt es nüchtern: „Die Elektropathologische Sammlung beschäftigt sich mit allen Veränderungen des menschlichen Körpers, die durch den elektrischen Strom hervorgerufen werden, enthält aber auch Gegenstände, auf denen die Einwirkung der Elektrizität ihre Spuren hinterlassen hat."

Im Narrenturm sind es „Feuchtpräparate", also in Spiritus eingelegte, von Stromstößen verformte, verbrannte, verkrüppelte Körperteile, die uns bei den Dreharbeiten so manchen Würgereiz bescherten. Diese verstörende Sammlung wurde bereits 1899 begonnen, lange bevor Biegelmeier in den 1960er-Jahren seine Versuche startete.

Noch nie war jemandem in den Sinn gekommen, die Auswirkungen von Strom am eigenen Leib auszuprobieren. Am Oberkörper angeschlossene Sensoren zeigten zum ersten Mal, wie Strom den Herzschlag beeinflusst. Mediziner studierten, wie ein Kammerflimmern ausgelöst wird, und konnten daraus ableiten, wie es verhindert werden kann. Das Forschungsfeld der Elektropathologie war geboren. Akribisch dokumentierte der Techniker, was die Auswirkungen waren. Die „Biegelmeier-Kurve" ist keine Schlüsselstelle einer Rennstrecke, sondern sie beschreibt, wie viel Strom über welche Dauer in einem Körper welche Auswirkungen hat. Natürlich war längst bekannt, dass Strom auch tödlich sein konnte.

Wissen wurde, wie so oft in der Geschichte, zunächst für Grausamkeiten eingesetzt. Eine Exekution auf dem Elektrischen Stuhl war zu dieser Zeit die zweithäufigste Hinrichtungsart in den Vereinigten Staaten.

Biegelmeiers Selbstversuche führten zu einem regelrechten Boom in der Absicherung elektrischer Schutzeinrichtungen. Harte Daten und Fakten, die nachvollziehbar sind, waren immer eine starke Triebfeder für Innovation und Weiterentwicklung. Die Firma, für die Biegelmeier arbeitete, versechsfachte in kurzer Zeit ihren Jahresumsatz.

Mit dem 1957 fertig entwickelten FI-Schalter war ein Gerät am Markt, das wesentlich verlässlicher war als Vorgänger-Modelle, die berüchtigt waren für ihre Fehleranfälligkeit. Gottfried Biegelmeier arbeitete sich an seinem Lieblingsthema weiter ab, nicht selten geriet er in Konflikte, weil er sich missverstanden fühlte. So trennte er sich im Streit von seinem Arbeitgeber und gründete 1996 die „Wiener Stiftung Elektroschutz". Er verstarb im Juli 2007 mit 82 Jahren. Das Prinzip seines FI-Schalters hat vielen Menschen das Leben gerettet und tut es immer noch.

KLEINE FEHLER, GROSSE WIRKUNG

Jesko von Puttkamer war kein Mann, den man leicht aus der Ruhe bringen konnte. Ein Grandseigneur der Weltraumforschung – freundlich und verbindlich, stilsicher und kompetent. Als ich ihn Anfang 2000 auf den Absturz der NASA-Sonde Climate Orbiter anspreche, verliert er für einen Augenblick die Contenance.

„Dazu kann ich nur sagen: Peinlicher geht's nicht", grummelt der dienstälteste NASA-Techniker in unser Mikrofon. Man sieht ihm den Ärger an. „Schülerhaft", „Anfängerfehler", „Dilettanten am Werk" waren noch die schmeichelhafteren Schlagzeilen, die die erfolgsgewohnten Techniker der amerikanischen Weltraumagentur zu hören bekamen.

Wie immer war die NASA mit breiter Brust angetreten und hatte ihre 125 Millionen Dollar teure Mars-Mission Climate Orbiter als technisches Meisterwerk angepriesen. Und dann, es war der 23. September 1999, brach die Sonde am Mars auseinander. Statt in 150 Kilometern Höhe über dem Mars zu fliegen, war die Sonde bis auf 57 Kilometer an den Planeten herangekommen. Dort ist aber die Atmosphäre so dicht, dass es durch die Reibung dermaßen heiß wird, dass kein irdisches Objekt das übersteht.

Anfangs wussten die verdatterten Verantwortlichen der NASA gar nicht, ob die Raumsonde zerbrochen oder als Ganzes verglüht war. Schon beim Anflug Richtung Mars mussten Navigationstechniker andauernd den Kurs nachkorrigieren. Sie konnten sich nicht wirklich erklären, warum die Sonde ständig leicht vom Kurs abwich. Nach dem Crash begann die hektische Fehlersuche. Die NASA hatte bei der Mission mit dem Raumfahrtunternehmen Lockheed Martin kooperiert, gemeinsam wollte man die Ursache klären. Akribisch ging man noch einmal alle Flugdaten durch. Einem Techniker fiel auf, dass in einem Datensatz von Lockheed von „Pfund" die Rede war. Als der Mann dann auch noch sah, dass bei der Berechnung der Schubkräfte englische statt metrische Einheiten verwendet worden waren, wurde er blass.

Nach mehreren Krisensitzungen war die Peinlichkeit offensichtlich: Lockheed Martin hatte in imperialen englischen Einheiten gerechnet, die NASA in metrischen. Die Folge war, dass die Navigationssoftware um den Faktor 1:4,5 danebenlag und die Steuerdüsen falsche Impulse auslösten. Das ging über die lange Distanz bis zum Mars noch gut, weil immer wieder nachkorrigiert werden konnte. Beim „Einparken" in der Umlaufbahn um den Mars war dann Schluss, man konnte nicht mehr eingreifen. Zerknirscht gaben die Verantwortlichen die peinliche Panne zu. Es habe dem Missionsteam wohl auch die Erfahrung gefehlt und die Zusammenarbeit der Unternehmen sollte in Zukunft verbessert werden. Eine Analyse, die dem erfahrenen Weltraumtechniker Jesko von Puttkammer nur ein verständnisloses Kopfschütteln entlockte: „Das hätte man sich vor der Mission auch überlegen können."

Die amerikanische Weltraumagentur hatte ohnedies einiges aufzuarbeiten. Der Unfall des 1986 nach dem Start explodierten Spaceshuttles Challenger, bei dem sieben Menschen ihr Leben verloren, war einigermaßen überwunden. Bei diesem Unglück war übersehen worden, dass die Dichtungsringe der Feststoffraketen nicht einwandfrei funktionierten. 2003 zerriss es das Spaceshuttle Columbia beim Wiedereintritt in die Erdatmosphäre. Sieben Besatzungsmitglieder starben. Den Verantwortlichen war entgangen, dass beim Start ein Teil des Hitzeschilds beschädigt worden war. Das führte zu einer Überhitzung der Tragflächen beim Übergang zur Atmosphäre und der Raumfrachter fing Feuer.

2004 entdeckten Techniker bei Wartungsarbeiten, dass mehrere der Shuttles über Jahrzehnte mit falsch eingebauten Bremsklappen geflogen waren. Bei den Piloten der Maschinen sorgte das für Unruhe, wie mir mehrere Astronauten versicherten.

Das Riskante an den Shuttles war, dass sie ohne Antrieb gelandet werden mussten. Viele der Pilotinnen und Piloten haben sich nie auf den Autopiloten bei der Landung verlassen, wie sie mir erzählten. Sie steuerten selbst, das gab ihnen ein besseres Gefühl. Im Extremfall hätten nicht richtig funktionierende Bremsklappen sehr schnell zum

Absturz geführt, denn Durchstarten wäre keine Option gewesen. Gut möglich, so sagen Raumfahrtspezialisten heute, dass die feinfühligen Piloten dem automatischen System in diesem Fall überlegen waren und genau deshalb nichts Schlimmeres passierte. Menschen beheben Fehler von Menschen.

Auch der erste Mann am Mond, Neil Armstrong, musste das tun. Schon beim Training hatten die Missionsleiter die stählernen Nerven des Ex-Kampfpiloten bewundert. Die Landung auf dem Mond übten die Astronauten mit einer sehr einfach nachgebauten Landefähre. Von den Männern wurde das Vehikel spöttisch „das fliegende Bettgestell“ genannt. Im Wesentlichen eine zusammengeschweißte Stahlkonstruktion mit einem starken Triebwerk, das zum Boden gerichtet war und so für Auftrieb sorgte. Das Cockpit hatte seinen Namen nicht verdient, es erinnerte an einen Verschlag, die Piloten saßen im Freien und steuerten die Düsen über Hebel.

Am 6. Mai 1968 entging Armstrong dem sicheren Tod nur durch eine sagenhaft schnelle Reaktion, für die er berühmt war. Knapp siebzig Meter über dem Boden geriet das Trainingsgerät außer Kontrolle und fing Feuer. Armstrong löste im letzten Moment den Schleudersitz aus, wurde nach oben katapultiert. Die Landefähre krachte auf das Flugfeld und explodierte, Armstrong landete wenig später mit dem Fallschirm am Boden.

Einer der Männer vom Bodenpersonal erzählte uns später: „Wir gingen zu Neil in sein Büro und fragten: ‚Was war da los?‘ Er blickte kurz vom Schreibtisch auf, sah uns an und sagte lapidar: ‚Ein Unfall, ich schreibe gerade das Protokoll.‘“

Armstrong trainierte weiter mit dem „Bettgestell“. Als die Missionsleitung wegen des Zwischenfalls die Versuche aussetzen wollte, protestierten die Piloten. Das könne passieren, das Gerät sei schon in Ordnung. Am Mond halfen Armstrong die Erfahrungen, die er auf der Erde gemacht hatte. Der damals noch rudimentär ausgestattete Landecomputer war nicht perfekt programmiert und hätte die legendäre Sonde „Eagle“ in einen Felsbrocken gesteuert. Armstrong übernahm in letzter Sekunde das Steuer.

Buzz Aldrin, der ihm bei der Landung assistierte, sah am Bordcomputer, dass noch Sprit für sechzig Sekunden übrig war. „Das war schon sehr wenig, aber ich sagte nichts, weil ich Neil nicht in seiner Konzentration stören wollte“, berichtete uns Aldrin bei einem Besuch in Wien. Armstrong blieb eiskalt, flog über den Felsen, die Landetriebwerke wirbelten den Mondstaub auf, die Sicht war gleich null. „Bewegen wir uns noch vorwärts?“, fragte Armstrong seinen Kollegen. Aldrin bestätigte.

Acht Sekunden später, so zeigen es die Bordprotokolle, leuchtete eine kleine Lampe auf, die Bodenkontakt signalisierte. Sensoren unter den Landestelzen des Mondmoduls hatten die Meldung ausgelöst. Weitere zwei Sekunden später schaltete Armstrong das Triebwerk ab. Nach einigen Momenten kam der erlösende Spruch für die Bodenkontrolle, für die ganze Menschheit: „Houston?! Tranquility base here. The eagle has landed.“ Der Adler war im Meer der Stille gelandet.

VERLORENE GEHIRNE

Wenn mich Neurologen ansehen, habe ich immer das Gefühl, sie blicken mir direkt in das Gehirn. Könnten sie natürlich auch. Der Primarius einer großen neurologischen Abteilung sieht mich auch gar nicht so durchdringend an – ich lasse mir von ihm erklären, wie Aufnahmen einer Magnetresonanztomografie beurteilt werden.

„Das Problem ist immer wieder die Angst", sagt mir der Mediziner. „Kaum hat ein ängstlicher Patient Kopfweh, glaubt er schon an den großen Hirntumor."

„Als Laie", so erwidere ich, „weiß man halt oft wirklich nicht, was es sein könnte."

Er lächelt. „Glauben Sie nicht, dass das bei meiner Belegschaft anders ist. Da lassen sich manche Oberärzte alle paar Wochen in den Scanner schieben. Und Überraschung: Das Gehirn ist noch da."

Das Gehirn hat etwas Unheimliches an sich. Wie sollen wir es uns denken, wenn es selbst der Teil ist, der das tut? 86 Milliarden Nervenzellen werden über 100 Billionen Schnittstellen, sogenannte Synapsen, unterschiedlich zusammengeschaltet und bilden so unser Bewusstsein. Kein Wunder also, dass wir noch relativ wenig über die genauen Abläufe in unseren Köpfen wissen. Wir wissen zwar, was im Gehirn passiert, sind aber weit davon entfernt zu verstehen, wie unser Denken und unsere Gefühle wirklich entstehen. Ein gigantischer Schaltplan regelt die einzelnen Prozesse, aber selbst wenn wir zum Beispiel auch nur Wasser als solches erkennen, bildet sich das im Gehirn nicht immer in der gleichen Form ab.

Der Blick ins Gehirn war von Anfang an schwierig. Ende des 19. Jahrhunderts kamen Wissenschafter auf die Idee, das Organ in Formaldehyd einzulegen. Ohne diese Methode ist das Gehirn mehr oder minder ein Pudding, der nur sehr schwer zu bearbeiten ist. Durch das Einlegen wurde es möglich, dünne Scheiben abzuschneiden. Es blieb aber immer noch eine graue Masse, die auch unter dem Mikroskop nicht viel erkennen ließ.

Anfang des 20. Jahrhunderts wurde dann ein Verfahren entwickelt, das bis heute Standard ist. Die Präparate wurden eingefärbt – und plötzlich waren einzelne Zellen sichtbar. Heute unterscheidet die Wissenschaft zwischen zwei Typen. Am wichtigsten sind die Neurone oder Nervenzellen. 80 Prozent dieser Neurone sind im Kleinhirn angesiedelt. Von dort aus steuern sie unser Unterbewusstsein, die Koordination von Bewegungsabläufen und vieles andere mehr. Davon unterscheiden sich die sogenannten Gliazellen – auch davon gibt es Dutzende Milliarden. Sie bilden so etwas wie ein Gerüst, das dem Gehirn insgesamt Halt gibt und für stabile Verbindungen sorgt. Es gibt die Theorie, dass eine anregende Umgebung mit vielen Eindrücken dieses Gerüst robuster und leistungsfähiger macht. Als Beweis dafür wird immer wieder das Gehirn Albert Einsteins genannt. Das hat wiederum eine ganz eigene Geschichte.

Als Einstein 1955 verstorben war, wurde er obduziert. Thomas Harvey war der Mann, dem diese Aufgabe anvertraut wurde. Harvey wusste natürlich, dass da ein totes Genie vor ihm lag. Ein Genie, das die Welt der Physik revolutioniert hatte und der Maßstab für menschliche Intelligenz war. Was mochte in seinem Gehirn vorgegangen sein? Und: Unterschied sich dieses Gehirn von dem eines Durchschnittsmenschen?

Mister Harveys graue Zellen kamen zum Entschluss: Die Hirn von Einstein ist ein Unikat, das behalten wir uns. Gedacht, getan. Einige Minuten später hatte Thomas Harvey das Superhirn geteilt und in zwei große Marmeladegläser mit Formaldehyd gesteckt. Die nahm er mit nach Hause. Nachdem in seinem eigenen Kopf keinerlei Expertise zur Gehirnforschung vorhanden war, ließ er es von professionellen Anatomen in dünne Scheiben schneiden. Kleine Proben schickte er an Neurologen, von denen er Aufschluss darüber erwartete, was denn das Besondere an Einsteins Gehirn sein könnte. Sämtliche Präparate waren aber zu klein, um eine Expertise möglich zu machen, niemand kümmerte sich deshalb darum. Den Großteil des prominenten Denkorgans hortete Harvey nach wie vor in seinen Marmeladegläsern, bei mehreren Umzügen reiste Einsteins Geist mit.

In den 1980er-Jahren versuchte er noch einmal, Proben untersuchen zu lassen. Dieses Mal hatte er mehr Glück. Eine „auffallend hohe Zahl an Gliazellen“ fand die Neuroanatomin Marian Diamond von der Universität Berkeley. Sandra Witelson verglich in den 1990er-Jahren Einsteins Gehirn mit 91 Gehirnen von Personen, denen sie eine durchschnittliche Intelligenz zuschrieb. Im Bereich der unteren Schädellappen ist das Gehirn des Physikers demnach um 15 Prozent breiter als das der anderen. Was lässt das für Rückschlüsse zu? Gar keine. Genauso wenig wie die Tatsache, dass Einsteins Gehirn mit 1230 Gramm zu den Leichtgewichten seiner Klasse zählt.

Die Versuche, den Geist anatomisch zu begründen, scheitern. Auch bei Lenin war das so. Um die unschlagbare Großartigkeit ihres politischen Führers zu dokumentieren, ließen die Sowjets nichts unversucht. Der bekannte deutsche Hirnforscher Oskar Vogt aus Deutschland wurde extra eingeflogen, um das Gehirn Lenins genauestens unter die Lupe zu nehmen. Er zerlegte es in 30.000 winzige Teile und dokumentierte jeden einzelnen Schnitt. Nachdem ein eigenes Institut für ihn eingerichtet worden war, rapportierte der Mediziner das Gewünschte: „Die Pyramidenzellen waren bei Lenin bei Weitem stärker entwickelt, die verbindenden Assoziationsfasern zwischen ihnen bei Weitem zahlreicher; auch die Körperzellen waren bedeutend größer und hervorstechend.“ Das Parteiorgan *Prawda* bejubelte das Denkorgan Lenins, damit auch die Sportfunktionäre zufriedengestellt waren, titulierte Vogt den verehrten Genossen Lenin als „Assoziationsathleten“. Dasselbe hätte er sich in seiner wissenschaftlichen Geschmeidigkeit auch selbst attestieren können. Intelligenz, ob emotionale oder rein kognitive, lässt sich im Gehirn nicht nachweisen. Krankhafte Veränderungen sehr wohl.

Seit dem berüchtigten „Rinderwahn“, der Anfang der 1990er-Jahre die Öffentlichkeit verunsicherte, werden verdächtige Strukturen in Gehirnen besonders kritisch begutachtet. In sehr seltenen Fällen kann über infiziertes Rind- oder Schaffleisch beim Menschen die Creutzfeldt-Jakob-Erkrankung ausgelöst werden. Sehr oft tritt sie zufällig auf oder ist erblich bedingt.

Das Hauptproblem: Der Erreger ist übertragbar. Verdächtige Gehirne stammen oft von Menschen, die typische Symptome wie schnell verlaufende Demenz zeigten. Diese Gehirne werden in speziellen Labors untersucht, zum Beispiel im Wiener Allgemeinen Krankenhaus. Vor nicht allzu langer Zeit wartete man dort auf ein Gehirn aus einem Wiener Krankenhaus, das aber nie im Labor ankam. Der Plastikkübel mit dem Objekt der Begierde war zwar auf den Weg gebracht worden, landete aber nicht im AKH. Sondern im Kanal. Der beauftragte Taxifahrer hatte die Fracht entsorgt, weil sie unerträglich stank. Ein infiziertes Gehirn in der Öffentlichkeit wäre unter Umständen fatal. Zum Glück hatte das absendende Spital noch eine kleine Probe des Gehirns lagernd, die unbedenklich war. Im Labor des Allgemeinen Krankenhauses können Sie übrigens andere Gehirne bewundern. Fragen Sie nach dem von „Elfriede“.

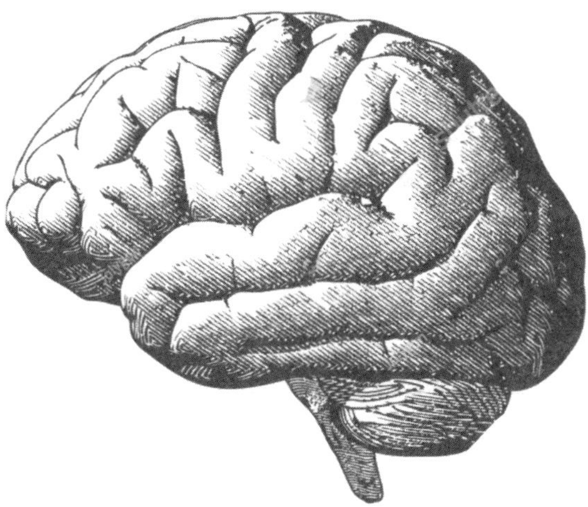

DER ENTFÜHRTE HEILIGE ODER: TEXAS HOLD 'EM

„Wo sind die Handschellen?" Das war die erste Frage eines gestandenen 70-jährigen Texaners im Ankunftsbereich des beschaulichen Mozart Airports an die verdutzte Bibliothekarin der Universität Salzburg, die zu seinem Empfang gekommen war. 14 Stunden zuvor hatte er gemeinsam mit seiner Frau in Dallas Fort Worth eine Passagiermaschine bestiegen, um sich auf die Spuren seines Vaters zu begeben, der vor 77 Jahren in Salzburg einen Diebstahl begangen hatte.

Im Gegensatz zu den noch immer bemühten Klischees ist der Arbeitsalltag einer wissenschaftlichen Bibliothekarin niemals langweilig und kaum einmal ruhig, insbesondere wenn man sich mit alten Büchern beschäftigt.

Diese besondere „Spezies" lockt immer wieder geradezu detektivische Fähigkeiten hervor: Woher stammt dieser seltene Druck aus dem 15. Jahrhundert? Wer hat diese mittelalterliche Handschrift geschrieben? Und vor allem: Wohin ist dieses Buch verschwunden?? Alle großen Bibliotheken besitzen nicht nur moderne Datenbanken, um ihren Bestand sichtbar zu machen, sondern auch alte Verzeichnisse, die das Wachsen des Bücherschatzes über die Jahrhunderte hinweg dokumentieren. Doch nicht nur das Wachsen … auch den Verlust von historisch wertvollen Bänden. Immer wieder suchen sogenannte „Büchermarder" Sammlungen alter Bücher heim, schneiden farbenprächtige Buchmalereien oder fein gearbeitete Kupferstiche aus jahrhundertealten Bänden oder lassen, wenn sich die Gelegenheit ergibt, gleich das ganze kostbare Stück verschwinden.

Seit der Antike versuchen Bibliothekare, den ungewollten Verlust ihres „geistigen Waffenarsenals" zu verhindern. Im Mittelalter hingen viele Manuskripte wortwörtlich an der Kette, eine nicht so offensichtliche Form der Diebstahlsicherung war das Notieren von Bücherflüchen in den Handschriften und Drucken selbst, quasi eine Alarmanlage von Gottes Gnaden: Da wünschte man dem potenziellen Räuber schon mal, dass seine Langfinger mit Blattern und Blasen übersät sein sollen, dass „sein Gemächt verdorren möge" und dass Bücherwürmer an seinen Eingeweiden nagen sollen. Ob es genützt hat, sei dahingestellt.

Abseits von kriminellen Einzeltätern waren Bücher immer durch materielle Vernichtung in Form von Wasser, Feuer oder Bombenangriffen bedroht. Insbesondere gegen Ende des Zweiten Weltkriegs mussten Vorkehrungen zum Schutz des wertvollen Buchgutes getroffen werden. An der Studienbibliothek Salzburg verpackte man sämtliche Manuskripte, alten Drucke und Grafiken in Kisten und versteckte sie in einem Bergwerksstollen im nahe bei Hallein gelegenen Dürrnberg. Die Verantwortlichen glaubten, damit die richtigen Maßnahmen getroffen zu haben, und in der Tat blieben die Schätze vor Bombenangriffen verschont.

Doch der Mensch denkt – und ein texanischer Soldat lenkt: und zwar den Wagen eines Offiziers der amerikanischen Regenbogendivision, die unmittelbar nach dem Fall des Naziregimes nach Salzburg vorgestoßen war. In der Erwartung, im Dürrnberg von den Nationalsozialisten versteckte Kunstwerke zu finden, brachen die Amerikaner den Wolf-Dietrich-Stollen auf, entdeckten unzählige Kisten, öffneten einige davon und sahen – Bücher! Manche mögen enttäuscht gewesen sein, doch etliche Offiziere konnten sich dem Zauber dieser alten Bände nicht entziehen, fanden Gefallen an der leuchtenden Buchmalerei oder den kunstfertigen Holzschnitten und griffen zu. Auch der einfache Soldat aus Texas nutzte die Gunst der Stunde und steckte in einem unbeobachteten Moment ein Büchlein mit hübschen Illustrationen in seine Tasche.

76 Jahre später: *Bling*. Die Salzburger Bibliothekarin sitzt vor ihrem Computer, als ein heller Signalton das Eintreffen einer E-Mail meldet, Absender: Kommission für Raubkunst in Europa, Sitz in London. Sie überfliegt den Text: „Kontakt mit Sohn eines amerikanischen Soldaten … altes Buch in der Erbschaft … Kriegsbeute …

Bibliotheksstempel der Studienbibliothek Salzburg … Rückgabe, wenn rechtmäßiger Besitz nachweisbar … Rückgabe?!“

Wenn geraubte Kulturgüter zu ihrem rechtmäßigen Besitzer zurückkommen, ist das stets ein berührender Moment. In Abwandlung des biblischen Gleichnisses vom verlorenen Sohn liegen bibliophilen Menschen oft die Bestände besonders am Herzen, die nicht mehr da sind und sich irgendwo in der Welt herumtreiben.

Die Bibliothekarin hatte die Liste der seit 1945 verschwundenen Exemplare im Kopf. Gehörte das angekündigte Buch tatsächlich zum Altbestand der Universitätsbibliothek oder war es ein Irrtum? Kurz den Atem angehalten, dann die mitgeschickten Bilder betrachtet: Sofort erkannte sie den Bibliotheksstempel und die charakteristische Buchsignatur.

In das Glücksgefühl mischte sich jedoch ein Anflug von Besorgnis, denn sie hatte bereits einmal erlebt, dass ein seit Kriegsende vermisster Band der Bibliothek bei einer Auktion in London ausgerufen und nur über äußerst komplizierte Wege zurückgeholt worden war. Diese Bibel aus dem Jahr 1483 war ebenfalls aus dem Bergwerk in die USA verbracht und später dann in Berlin von einem reichen schwedischen Jazzmusiker ersteigert worden. Im Frühjahr 2018 trennte er sich von seinem Besitz und übergab den alten Druck dem Auktionshaus Sotheby's. Bis diese Kostbarkeit wieder in den eigenen Reihen war, verging mehr als ein Jahr, ein Umstand, der am Nervenkostüm der Bibliothekarin zehrte. Immerhin flog die Bibel schlussendlich Business Class von London nach Salzburg.

Diese Gedanken mussten beiseitegeschoben werden, jetzt ging es nur um den Beweis, dass das geraubte Buch tatsächlich rechtmäßiger Besitz der Salzburger Universitätsbibliothek war. Die Detektivin in ihr erwachte. Eine Stunde später und umzingelt von alten, handgeschriebenen Bücherkatalogen und Signaturverzeichnissen war ihr klar: Die 1516 in Landshut gedruckten „Wunder des heiligen Wolfgang“ waren, wie ein bibliothekarischer Vorgänger sorgfältig vermerkt hatte, „seit 1945 im Bergwerk verloren“. Die

Buchsignatur lieferte den letztgütigen Beweis: Der verlorene Sohn würde zurückkehren – allerdings nicht auf geraden Wegen.

Aufgrund der Corona-Vorgaben im Jahr 2021 ließ sich der Wunsch des Texaners, das Buch persönlich der Bibliothek zurückzugeben, nicht realisieren. Allmählich gelangten über Vermittlung aus London detaillierte Informationen zu seiner Person über den großen Teich. Vor Kurzem war sein Vater verstorben, die Erbschaft abgewickelt. In einer Klavierbank hatte man ein kleines, offensichtlich altes und wertvolles Buch entdeckt, das dort jahrzehntelang geschlummert hatte.

Wie die kleine Kostbarkeit dorthin gelangt war, hatte der ehemalige Soldat zwar erzählt, ihre genaue Herkunft war aber in Vergessenheit geraten. Man war sich uneins: verkaufen oder zurückgeben? Nach dem Beschluss des Familienrates war entschieden: Man wollte „das Richtige tun".

Mit einer fünfstelligen Summe versichert, vertraute man das Büchlein einem internationalen Paketdienst an, am 23. Dezember 2021 nahm die Bibliothekarin das wertvolle Päckchen in Empfang. Was für ein Weihnachtsgeschenk!

Ein halbes Jahr später war es so weit: Ron Rogers und seine Frau Jill absolvierten, wie er es ausdrückte, „die Reise unseres Lebens". Berührend war die offizielle Feierlichkeit zur Buchrückgabe, noch berührender allerdings war der Moment, als der Texaner genau an jener Stelle vor dem Wolf-Dietrich-Stollen stand wie sein Vater 77 Jahre zuvor. „Sie wissen nicht, was mir das bedeutet!"

Der Kulturschock für Herrn Rogers erfolgte in Form von gekochtem (!) Rindfleisch, da er auf allgemeine Empfehlung beim gemeinsamen Abendessen einen Tafelspitz geordert hatte. Dieser schien ihm auch gut zu schmecken, lediglich beim dazugehörigen Cremespinat meinte er trocken: „Den hätten sie sich sparen können." Handschellen hat sich die Salzburger Universitätsbibliothek übrigens auch gespart.

DIMENSIONEN – UNENDLICHE BREITEN

Es ist eine meiner Lieblingsfragen für Bewerber, die Journalistinnen oder Reporter werden wollen: „Wie weit ist denn die internationale Raumstation von der Erde entfernt? So ungefähr …“ Die Antworten auf diese Frage sind, vorsichtig formuliert, extrem weit gestreut. Versuchen Sie es einmal unter Verwandten, Bekannten und Freunden, Sie werden überrascht sein. Macht man eine Umfrage auf der Straße, auch das habe ich sehr oft gemacht, retten sich viele Menschen mit einer Gegenfrage: „Schon weit, oder?“

Was uns allen im Zeitalter der schnell verfügbaren Informationen häufig fehlt, ist ein Gefühl für Verhältnisse, für Dimensionen. Wie weit ist die Raumstation also entfernt? Für jene, die sich an keine Zahl wagen, sage ich dann meistens: Die Luftlinien-Entfernung von Wien nach Innsbruck in die Senkrechte gekippt – und schon sind wir in Höhe der Raumstation. Irgendwo um die 380 Kilometer, die internationale Raumstation hängt ja nicht starr da oben wie ein Luster, sondern wird immer wieder einmal umgeparkt, oft um Weltraumschrott auszuweichen.

Manche schauen dann ungläubig, manche versuchen, genau das zu verbergen. Es geht mir niemals darum, mich wichtig zu machen, schon gar nicht darum, jemanden vorzuführen oder bloßzustellen. Mir geht es darum, dass Menschen ein Gefühl für Relationen entwickeln. Bei besonders auffälligen Antworten zur Raumstation frage ich nach, wie weit denn dann der Mond von der Erde entfernt sei. Nicht wenigen Antworten zufolge würde dann der Mond zwischen Raumstation und Erde kreisen. Spätestens dann ist klar: Hier fehlt das Wissen über die Zusammenhänge. Der Weltraum zeigt das besonders schnell auf, weil es hier um wirklich extreme Dimensionen geht. Die Raumstation auf plus/minus 380 Kilometern, die Entfernung zum Mond schon das Tausendfache, bis zum Mars fast noch einmal mal tausend, und diese Erde-Mars-Entfernung ist ein winziger Bruchteil eines Lichtjahres, der gängigen Entfernungsangabe im All. Ein Lichtjahr sind 9,46 Billionen Kilometer. In Zahlen: 9 Billionen 460 Milliarden 730 Millionen 472 Tausend 580,8 Kilometer. Das ist alles zugegebenermaßen einigermaßen unfassbar. Es genügt im Prinzip, zu wissen, dass die Raumstation sehr nahe ist, der Mond relativ nahe, der Mars schon weit weg und der Rest wirklich sehr weit weg.

Sobald bei einem Planeten oder Stern von Lichtjahren die Rede ist, können wir Menschen bestenfalls davon träumen, auch nur in die Nähe davon zu kommen. Herumgeworfen wird mit dem Begriff, als könnte man die Kilometer eines Lichtjahres an einer Hand abzählen. Die Regierung ist laut Opposition „um Lichtjahre" von einer Budgetsanierung entfernt, die Opposition ist, glaubt man der Regierung, beim Geschichtsbewusstsein „um viele Lichtjahre" hinterher. Der Lichtjahre-Vergleich ist nicht auf einzelne Länder beschränkt, er zieht sich global quer durch alle Streitereien, bei denen die eine Seite der anderen vorwirft, etwas ganz und gar nicht begriffen zu haben. Bis denen, die den Begriff leichtfertig in den Mund nehmen, ein Licht aufgeht, ist es auch schon wieder finster.

Wer mit den Lichtjahren noch nicht genug hat, der kommt irgendwann auf den berühmten Quantensprung. Oft beginnt es damit, dass die Politik ein „Maßnahmenpaket" schnürt. Als faktenorientierter Wissenschaftsjournalist frage ich mich dann immer, wer da wo Maß genommen hat und welcher Postbote die Pakete dann zustellt. Weil dieses Paket wieder einmal „treffsicher" ist, bedeutet es gleichzeitig einen „Quantensprung" im Vergleich zu dem, was vorher war. Also gibt es so gut wie keinen Unterschied. Denn ein kleinerer Schritt als ein Quantensprung ist kaum denkbar. Die Physik definiert es als kleinstmögliche Veränderung.

Innerhalb eines Atoms – und damit wissen wir schon, dass wir von eher sehr kleinen Dingen reden – kreisen Elektronen um den Atomkern. Auf Bahnen. Wie die Läuferinnen in einem Leichtathletik-Stadion umkreisen die Elektronen den Kern. Das Außergewöhnliche:

Sie können diese Bahnen blitzschnell wechseln. So schnell, dass sie für einen Moment auf zwei Bahnen gleichzeitig laufen. Diesen winzigen Wechsel nennt die Physik Quantensprung. Spitzfindige sagen: Das ist ja wirklich spektakulär, deshalb ist das Bild schon stimmig. Sicher. Alle, die es verwenden, denken genau an Protonen, Elektronen, Neutronen und das Atommodell von Niels Bohr. Wer es mir so erklären kann, dem gönne ich die Verwendung des Wortes Quantensprung von Herzen. Ansonsten wäre ich eher zurückhaltend.

Mein liebster Quantensprung war der, als eine verdienstvolle und wichtige Freiwillige Feuerwehr ihr neues Einsatzfahrzeug als Quantensprung im Vergleich zum alten Spritzwagen feierte. Ich sage es auch immer wieder in Schulungen. Aber kaum ist eine Lichttrillionstelsekunde vergangen, hüpft schon wieder irgendwo ein Sprachkänguru via Quantensprung aus einem Nachrichtentext.

Es mag in jeder Hinsicht kleinlich sein, aber es ist ein typisches Beispiel dafür, wie durch nicht verstandene Dimensionen die Übersicht verloren geht. Ein Großteil des Schwachsinns, der über das Internet verbreitet wird, kann über die simple Überlegung entlarvt werden, ob die Größenverhältnisse passen können und damit die Relationen ungefähr stimmen. Das gilt für alle Wissenschaftsbereiche. Wenn Sie im Internet lesen, Jesus Christus sei nach Angaben der katholischen Kirche vor zwei Milliarden Jahren geboren, werden sie abwinken. Wenn Sie lesen, unser Sonnensystem sei laut Donald Trump vor zwei Millionen Jahren entstanden, werden Sie womöglich nachdenklich. Bitte nicht.

Sehr schwierig wird es nicht nur in den riesigen Dimensionen des Weltraums, sondern auch in den ganz kleinen Bereichen, zum Beispiel in der Biotechnologie. Nachdem die Gentechnik über die Jahre zu einem großen Reizwort geworden ist: Haben Sie sich schon einmal gefragt, wie groß ein Gen ist? Ist es größer oder kleiner als ein Atom?

Kleiner Tipp: Atome sind die kleinsten Bausteine des Lebens. Echt klein. Je nach Element ein bisschen unterschiedlich. 0,000.000.0001 Meter bis 0,000.000.0005 Meter. Ein Gen: auch wieder unterschiedlich, je nachdem, wie viele Basenpaare – das sind die Bausteine für das Erbgut – es in sich hat. In den meisten Fällen: 0,000.00034 Meter bis 0,000.0034 Meter. Zählen Sie die Nullen nach dem Komma. Die sind relevant. Ob es sechs oder neun Nullen sind, macht den Faktor 1000 aus. Wenn Sie jetzt überlegen, ob Sie mit ihrem Auto einen Kilometer fahren oder tausend, werden Sie doch auch sagen: Das ist erheblich.

Beim Resultat eines Fußballspiels ist es wirklich leicht, das Verhältnis zu beurteilen. Den Unterschied kann man im Normalfall an einer Hand abzählen – außer Messi hat einen sehr guten Tag. Dann hat seine Mannschaft das „Momentum" für sich – ein Begriff, der in seiner Verbreitung in der Sportberichterstattung gerade Pandemiegröße erreicht, also auch eine Dimension.

Egal ob Fußball, Eishockey, Curling oder Knödelwettessen – kaum ist angepfiffen, hat schon eine der Mannschaften oder Frauschaften das Momentum für sich. Entlehnt ist der Begriff aus der Physik, dort ergibt sich das Momentum aus der Masse und der Geschwindigkeit eines Objekts. Oooobbjeeeeheekts! Nicht Team, nicht Gruppe, nix da! Der Fußball mag ein Momentum haben, aber bitte nicht unsere tolle Frauen-Nationalmannschaft oder das nicht weniger tolle Team von Blau-Weiß Linz.

Aber ich fürchte, für den Moment bin ich verhältnismäßig machtlos. Momentan haben die Momentaner ihr Momentum für sich.

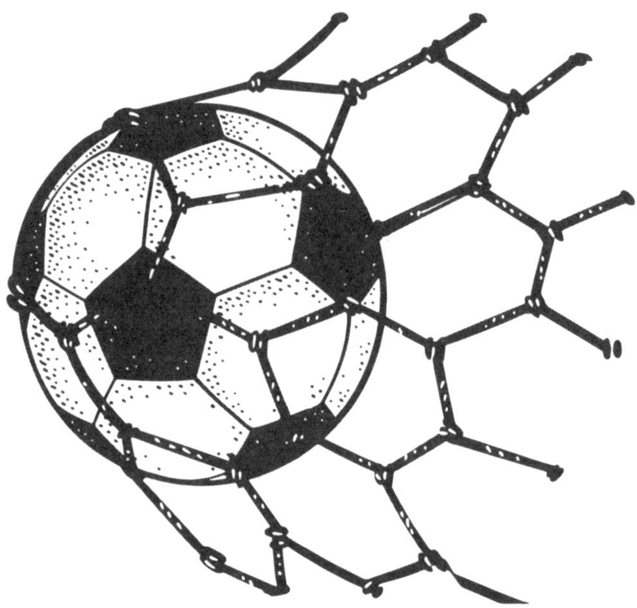

AKADEMISCHES ELFMETERTOR

Einen Fehler sollten Sie als Wissenschaftsjournalist nicht machen: Niemals sollten Sie ein Abendessen mit einem Wissenschafter auf einen Tag legen, an dem ein wichtiges Fußballmatch angesetzt ist. Sie haben sehr große Chancen, dass sie hungrig bleiben. Es sind nicht viele, es sind sehr viele Forscher, die der runden Kugel verfallen sind.

Vor der Fußball-Weltmeisterschaft in Deutschland im Jahr 2006 planen wir eine Reportage über die Physik der Bälle und suchen einen Physiker, der uns da einiges erklären kann. Die Reaktionen sind zögerlich – als Fußballexperte öffentlich zu dilettieren, ist nun einmal auch gefährlich. Ich versuche es von der anderen Seite und kontaktiere die österreichische Bundesliga-Mannschaft von Rapid. Ja, wir dürfen bei einem Training dabei sein und mit den Profis über Kunstschüsse und taktische Tricks reden. Als ich danach an den Universitäten anrufe und sage, wir würden einen wissenschaftlichen Experten gerne zu einem internen Rapid-Training mitnehmen, ist das Interesse plötzlich groß. Das wollen sich viele dann doch nicht entgehen lassen.

Von der Technischen Universität Wien haben wir eine Zusage des Dekans der Physik-Fakultät. Pünktlich zum Termin treffen wir mit dem Physiker am Trainingsplatz ein. Der Dekan mit Anzug, Krawatte und Lackschuhen, der versammelte Rapid-Kader in Trainingsanzügen freut sich, dass unsere Moderatorin auch dabei ist.

Fußball folgt klarerweise physikalischen Gesetzen. Die berühmten Bananenschüsse, bei denen der Ball einer kurvigen Linie folgt, sind möglich, weil Luftmoleküle unterschiedlich am Ball angreifen. Den Effet erzeugt ein Spieler, indem er den Ball durch seitliches Treffen in eine Drehung versetzt. Der rotierende Ball beschleunigt die Luftmoleküle, auf der anderen Seite entsteht ein Unterdruck, dem folgt der Ball. Genau so erklärt es uns der Herr Dekan am Rapid-Platz.

Und dann hat er einen Wunsch: Er möchte unbedingt einen Elfmeter gegen den Rapid-Tormann schießen. Wir verstehen natürlich, dass das aus akademischen Gründen unbedingt notwendig ist. Schließlich gehört zu den meisten Vorlesungen ja auch eine Übung. Die Spieler grinsen. Das tun sie, wenn wir etwas theoretisch erklären wollen, was sie in der Praxis beherrschen. So auch der österreichische Fußball-Volksheld Toni Polster.

Eines Tages hören wir von einem englischen Wissenschafter, der Fußball mathematisch erklären kann. „Soccermathics" nennt David Sumpter seine Methode, ein Buch trägt denselben Titel. Sumpter hat herausgefunden, dass jene Mannschaften am besten spielen, die viele Dreiecke auf dem Platz bilden, die dann zusammen ein Netzwerk ergeben. Der englische Forscher, ein glühender Liverpool-Fan, weiß, wie man Schlagzeilen macht.

„Und dieses Dreieckssystem breitet sich dann aus wie ein Schleimpilz", will er analysiert haben. Das erzähle einmal einer dem Star-Trainer Jürgen Klopp, dass seine Mannschaft im Spielaufbau einem Schleimpilz gleiche. Kann sein, dass der das noch milde belächelt, ich möchte aber den sehen, der das Zlatan Ibrahimović oder Marko Arnautović ins Gesicht sagt. Gutes Gelingen!

Wir entschieden uns, ohne Provokation und Marktgeschrei die mathematischen und geometrischen Hypothesen rein auf ihren praktischen Wert abzuklopfen. Wer könnte besser dafür geeignet sein als Österreichs Rekord-Torschütze Toni Polster?

„Ah so, des mit die Dreiecke", ist sein erster Kommentar, „des is überhaupt nix Neues. Da kannst du in der Mitte den Sechser reinstellen oder den Fünfer und zwei decken die Seite – und fertig ist das Dreieck."

Das verstehen wir noch. Aber wie kommt es dann zu einem Zusammenspiel, wie organisiert sich die Mannschaft?

„Durch viele Dreiecke." Er grinst und erklärt mit Fußball-Spielfiguren auf einem kleinen grünen Filzfußballplatz: „Wenn jetzt da der Messi kommt, dann steht da einer und zwei da drüben. Eins, zwei, drei – zack, Dreieck."

Die Wissenschaft nennt das „Delaunay-Triangulation".

„Ah so? Triangel? Wurscht – es geht immer um die Dreiecke."

Die moderne Fußballschule setzt tatsächlich sehr stark auf das Dreieck-System. Bewegen sich drei Spieler in dieser Formation über den Platz, hat der Ballführende logischerweise immer zwei Abspielmöglichkeiten und die gegnerische Mannschaft muss die Varianten einkalkulieren. Der Ball kann effektiv und schnell abgespielt werden, im Idealfall werden ständig neue Dreiecke gebildet. In der Endstufe entsteht dann das berüchtigte Tiki-Taka-System, das vor allem in Spanien zur Perfektion gebracht wurde. Voraussetzung ist eine makellose Technik und die Pässe müssen sehr präzise sein. Anfang der 2000er-Jahre wurde Tiki-Taka als unschlagbares System gepriesen. Doch bald wussten die besten Mannschaften auch dagegen ein Mittel, das Spiel war anfällig für Konter.

Der Hauptprediger des Tiki-Taka, Pep Guardiola, erlebte es als Trainer von Bayern München schmerzhaft: Im Halbfinale der Champions League setzte es gegen Real Madrid eine heftige 0:4 Klatsche. Die Taktik von Real war offensichtlich: Sehr dicht gestaffelte Verteidigung und im günstigen Moment ohne viel Herumgeschiebe schnell den Ball nach vorne. Bei zwei Toren aus Standardsituationen war das spielverliebte Tiki-Taka ohnedies chancenlos.

Für Fußball-Fetischisten und Sprachartisten gleichermaßen hatte Real-Trainer Carlo Ancelotti eine hübsche Formulierung parat: „Wir haben gesehen, dass die Bayern bei der zweiten Stange Probleme haben."

Wer nicht. Die spanischen Gazetten ätzten in eine ähnliche Richtung über die Bayern: „Fruchtloser Ballbesitz." Das perfekte Fußball-Rezept, nein, das gibt es nicht.

Man wird bei der Lektüre von Fußballbüchern wie „Soccermathics" deshalb den Verdacht nie ganz los, dass da einer um einen nicht allzu heißen Brei herumredet. Würde man eine künstliche Intelligenz das Buch zusammenfassen lassen, wäre das Ergebnis wahrscheinlich: „Tor ist eckig, Ball ist rund." Wenn sonst nichts mehr hilft, dann war es halt einfach Glück oder Pech.

So sagt David Sumpter im Interview zu uns: „Von drei Toren schießt statistisch gesehen nur ein Tor die bessere Mannschaft, die anderen beiden Tore entstehen durch Zufälle." Sagt der Mann, der Barcelona als wissenschaftlich gemessen beste Mannschaft deklariert. Ob die Erfolge von Barcelona zu zwei Dritteln Zufall sind? Frei nach Herbert Prohaska: „Sagen mir mal so" – Fußball lässt sich nicht wirklich ausrechnen.

„Natürlich kann man es berechnen, aber gelänge die Umsetzung jedem, wären wir alle Ronaldos", sagt der Physik-Dekan am Rapid-Platz. Er wirkt etwas ungeduldig.

„Darf ich jetzt den Elfmeter?" Er tritt an, im Sakko und mit Lackschuhen. Tor! „Ich hab' ihn getäuscht, ich habe ins andere Eck geschaut", verrät er mir.

Der Tormanntrainer gibt den strengen Mann: „Ein Tor von einem Dekan – was soll denn das? Sofort zwei Platzrunden zur Strafe!"

Der Tormann trabt folgsam los, der Herr Dekan strahlt über das ganze Gesicht. Am nächsten Tag ruft mich die Pressestelle der Technischen Universität an. „Ähm, eine Frage: Dürfen wir die Szene haben, wo der Herr Professor dem Rapid-Goalie einen Elfmeter reinhaut? Ist nur privat …"

DER FROSCH, DER FLIEGEN LERNTE

Zuerst glaube ich, ein falsches Wissenschafts-Magazin vor mir zu haben. Da ist die Rede von einem fliegenden Frosch. Das Erste, was mir in den Sinn kommt, ist ein exotischer Ort, am ehesten ein Dschungel, in dem dieses Tier entdeckt wurde. Aber das ist ein Physik-Journal, in dem ich blättere, keine Veröffentlichung von Biologen. Die Autoren der Frosch-Studie habe ich schnell gefunden. Universität Nijmegen, Holland, steht da.

Wenig später habe ich eine Telefonnummer und rufe an. Ein Mann hebt ab, er spricht Englisch mit russischem Akzent.

„Seid ihr die mit dem Frosch?“, frage ich.

„Ja!“

„Ich rufe aus Österreich an ...“

Er unterbricht mich: „Sind Sie ein Tierschützer?“

Ich erkläre ihm, dass ich Journalist des Österreichischen Rundfunks bin und gerne mehr über den fliegenden Frosch wissen würde.

„Ja, der fliegt wirklich. Wir haben ein Magnetfeld aufgebaut, das so stark ist, dass es den Frosch, weil er viel Flüssigkeit in sich hat, aushebt.“ Die Physiker haben sich einen Vorgang zunutze gemacht, der „diamagnetische Levitation“ genannt wird. Klingt kompliziert, folgt aber einem klaren Prinzip.

Magnetismus ist überall auf der Erde zu finden, auch jeder Mensch ist schwach magnetisch. Das deshalb, weil in jedem Atom Elektronen sind, die einen winzigen Nordpol und einen winzigen Südpol haben. Auch wir Menschen bestehen aus Atomen. Und ja, auch ein Frosch.

Um ihn schweben zu lassen, benötigt man ein sehr starkes Magnetfeld, das auf seinen Magnetismus einwirkt. In diesem Fall erzeugten die Forscher ein Magnetfeld von 16 Tesla. Das ist sehr viel. Kleine Magnete an Spielzeugen oder Kühlschrankmagnete haben ein Magnetfeld von 0,005 Tesla. Ich frage den Forscher, ob wir den fliegenden Frosch filmen könnten.

Er zögert. „Prinzipiell schon. Das Magnetfeld ist aber echt stark, ich weiß nicht, wie es euren elektronischen Kameras damit geht …"

Ich denke kurz nach. „Das können wir, denke ich, lösen, wir haben sehr gute Techniker."

„Ok, ist euer Risiko – aber darf ich noch einmal fragen: Sie sind KEIN Tierschützer?"

„Ich bin ein Tierfreund, aber mich interessiert das, was ihr da physikalisch gemacht habt – wie geht's eigentlich dem Frosch?"

„Dem geht's gut, der ist mittlerweile wieder bei unseren Kollegen, den Biologen. Sie haben ihn untersucht und festgestellt, dass er keine Flugangst mehr hat." Er lacht schallend. Der Mann hat Humor, das gefällt mir. Wir vereinbaren, dass wir drei Wochen später vorbeikommen und den fliegenden Frosch filmen dürfen. In der Redaktion ist der Frosch tagelang Gesprächsthema.

Nach und nach klärt sich auf, wie es zu dem Experiment gekommen ist. Die Physiker hatten ein Ritual: Nach einer anstrengenden Woche wurde zu den „Freitag-Nacht-Experimenten" aufgerufen. Dazu gehörte eine Menge Bier. Mitten in einer feuchtfröhlichen Runde kam der Chef auf die Idee, Bier in eine Magnetkammer zu schütten, die im Institut installiert war, eine der stärksten Anlagen in Europa. Er traute seinen trüben Augen nicht: Da schwebte eine Kugel flüssigen Bieres vor ihm. Am nächsten Tag berichtete er seinen Kollegen davon. Die wollten das zunächst nicht glauben. „Der Effekt kann nicht so groß sein", „Du hast dich sicher verrechnet."

Wie in der Forschung üblich, kam deshalb sofort die Frage: „Kannst du das wiederholen?" Konnte er. Und dann ging es los.

Alles, was in die vier Zentimeter breite Kammer hineinpasste, wurde ausprobiert. Erdbeeren segelten wie in der Schwerelosigkeit, Haselnüsse rotierten um ihre Achsen, Cocktailtomaten wirbelten wie in einem Luftstrom und natürlich durften Bier und Weinproben auch nicht fehlen. Lange dauerte es nicht und die Ideen wurden größer. Ob man da vielleicht auch ein kleines Tier auf eine Flugreise einladen könnte? Das Magnetonauten-Ausleseverfahren wurde gestartet.

Im Finale gab es einen klaren Sieger: Tisha, ein Zwerghamster. Das wenige Zentimeter lange Tierchen war ein idealer Testpilot. Braun-weiß geflecktes Fell, neugierig und unerschrocken. Die wissenschaftliche Arbeit trug den Titel: „Nachweis der Erdrotation mit einem diamagnetischen schwebenden Gyroskop". Studienautoren: „A.K. Geim und H.A.M.S. ter Tisha".

Doch der Hauptdarsteller spielte nicht mit: Als Tisha im Magnetfeld den Boden unter den Füßen verlor, streckte er seine Beine aus und verspreizte sich in der schmalen Kammer wie ein Kletterer zwischen zwei Felswänden. Das war also nicht so zielführend. Tisha kam wohlbehalten zurück in seinen Käfig. Dann kam einer auf die Idee mit dem Frosch. Und das funktionierte.

Nach einer Woche ruft mich der Physiker an. „Das mit dem Filmen des Froschs wird leider nichts."

Ich bin enttäuscht. „Aber warum? Wir sind wirklich keine Tierschützer mit versteckter Kamera. Uns geht es um die Wissenschaft."

„Ja, das glaub ich euch. Aber der Chef will nicht."

„Warum?"

„Na ja, es ist so: Um das starke Magnetfeld aufzubauen, brauchen wir Strom – ähm, viel Strom."

„Also ein teures Experiment?"

Er spricht leise. „Wissen Sie, das sind einige Megawatt Strom, kühlen müssen wir die Anlage auch, das kostet jedes Mal ein paar tausend Dollar und der Chef sagt, für ein Kamerateam aus Wien gibt er das sicher nicht aus."

„Und wenn wir die Kosten übernehmen?", frage ich.

Er stutzt: „Wirklich? Fragen Sie zuerst einmal Ihren Chef."

Das mache ich prompt. Die Antwort ist noch prompter: „Was? Wir sparen an allen Ecken und Enden und Sie wollen gebührenfinanziert zum Preis eines Businessclass-Fluges nach New York einen Frosch Turnübungen in einem Labor machen lassen? Vergessen S' das Viech!"

Einige Wochen später sehe ich den Frosch in einem Video eines amerikanischen Senders durch die Luft segeln. Heute ist alles im Internet. Als kleines Team eines Senders mit schmalem Budget ist man halt manchmal der Zweite, obwohl man eigentlich der Erste gewesen wäre.

Mit dem Frosch überschlugen sich dann auch die Schlagzeilen der Zeitungen. Rund um die Welt blickten Frösche aller Art aus den Gazetten. „Ein kleiner Frosch besiegt die Schwerkraft" war noch der gelindeste Schwachsinn. Und natürlich wollten alle wissen, ob man nicht auch einen Menschen schweben lassen könnte.

NASA-Techniker in Florida warfen die Rechner an und kamen zum Schluss: Damit ein Astronaut auf diese Art und Weise abheben könnte, müsste man die Leistung eines ganzen Kernkraftwerks auf die Anlage schalten. Viel bescheidener gab es da die neunjährige Jennifer Miller aus Fairbanks in den USA. Sie schrieb in kindlichen Buchstaben an den Frosch-Forscher: „Sehr geehrter Herr Andre Geim. Ich bin sehr interessiert daran, wie Sie den Frosch zum Schweben gebracht haben. Könnten Sie mir Informationen zu Ihrem Experiment schicken? Ich möchte eine Wissenschafterin werden."

Was das kleine Mädchen nicht wissen konnte: Dieser Andre Geim erhielt 2010 den Nobelpreis für bahnbrechende Forschung an Graphen, dem dünnsten und gleichzeitig stärksten Material. Ein hochintelligenter Mann mit Humor, der Kinder für die Wissenschaft begeistert.

ÜBLE FEHLENTSCHEIDUNGEN

Sag niemals Ja, wenn du nicht wirklich überzeugt bist. Fragen Sie Geschiedene. Sag niemals Ja, wenn du nicht wirklich überzeugt bist.

„Schon mal mitgefahren?“

„Ja.“

Ich sitze am Beifahrersitz in einem Rennauto. Ein deutscher Autokonzern hat uns eingeladen, verschiedene Modelle auszuprobieren, vom Oldtimer bis zum neuesten Modell. Man erklärt uns Motoren, Antriebe, Sicherheitstechnik, alles. Und wer mag, kann mit einem Tourenwagen auf einer Rennstrecke eine Runde mitfahren.

„Gerne auch mehr, aber das ist selten“, sagt unser Instrukteur an der Rennstrecke. Heute weiß ich: Das war eine Warnung. Sag niemals Ja, wenn du nicht wirklich überzeugt bist.

Es ist ein Tag für erwachsene Jungs und Mädels. Wir dürfen nach Herzenslust die Autos ausprobieren, geduldig erklären uns Techniker alles, was wir wissen wollen.

Damals, es ist einige Jahre her, ging man in diesem Konzern davon aus, dass in absehbarer Zeit das Lenkrad nicht mehr existieren würde – der Joystick sei die Zukunft. In der Tat lässt sich ein PKW mit einem solchen Stick sehr leicht steuern, wie ich im Selbstversuch erleben durfte. Nach vorne drücken – das Auto beschleunigt, nach hinten – es bremst. Nach rechts drücken, nach links: Es funktioniert einwandfrei und ruckelfrei – mit einer Hand. Manche Entwicklungen kann offensichtlich niemand wirklich vorhersehen und die Prognosen der Entwicklungsabteilungen sowie der Geschäftsführungen stimmen einfach nicht. Die Wissenschaft kann es entwickeln, die Technik setzt es um, aber es kommt trotzdem nie auf den Markt, setzt sich nicht durch. Ein Beispiel dafür ist der Joystick für das Auto.

Selbst Techniken, die bereits am Markt waren, setzten sich nicht durch. Der Kreiskolbenmotor eines japanischen Autoherstellers zählt genauso dazu wie das aktive hydraulisch gesteuerte Fahrwerk eines französischen Konzerns.

„Denkbar ist alles, möglich ist sehr vieles", sagen uns die Techniker an diesem Tag für Automobilisten. Ich hörte dort von Dingen, die lange Zeit später dann in Autos zur Selbstverständlichkeit werden sollten. Elektrische Antriebe waren längst ein Thema – „Aus für den Auspuff", sagten nicht wenige der Marktstrategen des Unternehmens. Dass die deutsche Automobilindustrie trotzdem den Trend verschlafen hat und sich von chinesischen Konzernen den Rang ablaufen ließ, ist eine der Tatsachen, die außer durch eklatante Fehlentscheidungen in den oberen Etagen nicht wirklich erklärbar sind. Europa hatte das Wissen, Europa hatte die Technik im Griff. Der Vorsprung wurde verspielt.

Für Wissenschafterinnen und Forscher ist es oft nur schwer zu ertragen, zuzusehen, wie Entwicklungen, die man vorangetrieben hat, nicht erkannt werden und durch politische und/oder wirtschaftsgetriebene Entscheidungen Jahre an Forschung umsonst waren. Oder wenn sie nicht für, sondern gegen Menschen eingesetzt werden.

Einer, der das zu spüren bekam, war Robert Oppenheimer, der Erfinder der Atombombe. Nachdem im Juli 1945 die erste verheerende Kettenreaktion gelungen war, kam Oppenheimer trotz vieler Schulterklopfer ins Grübeln. „Jetzt bin ich zum Tod geworden, zum Zerstörer der Welten", habe er sich gedacht, erzählte der Physiker später. Die Momente nach der gewaltigen Explosion schildert er so: „Ein paar Leute lachten, ein paar Leute weinten, die meisten waren still." Einen Monat später fielen die Bomben auf Hiroshima und Nagasaki. Allerdings stimmt die Legende, Oppenheimer habe seine Erfindung bereut, so nicht – er wollte nur klarstellen, dass man mit dieser Technologie verantwortungsvoll umgehen müsse. In den 1950er-Jahren wurde ihm dann vorgeworfen, für die Sowjetunion spioniert zu haben, erst 2022 wurde er posthum rehabilitiert. Heute ist die Drohung mit dem Einsatz der von Oppenheimer erdachten Atomwaffen zum politischen Kalkül geworden.

In Diktaturen ist die Kriegswirtschaft eine Möglichkeit, über viele Jahre einen funktionierenden Arbeitsmarkt vorzugaukeln. Zum wiederholten Mal wird entgegen den Lehren aus der Geschichte akzeptiert, ja, sogar begrüßt, dass die Wirtschaft über die Rüstungsindustrie Impulse erhält. Wissenschaft und Forschung braucht man für den elektronischen Krieg über die Computer oder für die Entwicklung von Drohnenschwärmen, die über Menschen herfallen. Die wenigsten Forscherinnen und Wissenschafter haben das Töten im Sinn, wenn sie neue Technologien entwickeln, den Missbrauch verhindern können sie nicht.

Fehlentscheidungen, Fehlentwicklungen. Wir sind Menschen, manche böse, manche gut, manche leichtfertig.

„Schon mal mitgefahren?"

„Ja."

Das ist ein Auftrag für den jungen Mann am Steuer des Tourenwagens. Ich war in Versuchshubschraubern, in Kampfjets, in der Schwerelosigkeit. Was jetzt kommt, ist für mich beispiellos. Beschleunigung kenne ich von Flugzeugen, von Raketen, von Katapulten. Schön und gut. Aber Mann, kannst du jetzt bitte bremsen? Wir brettern mit 250 km/h auf die Kurve zu. Bitte, brems!!! Der weiß, was er tut, meldet das Gehirn. Das geht sich nicht aus!, sagt das Gefühl, das blöde. Dann steigt der Herr Chauffeur in die Eisen. *Rattatattata*. Unter uns ist ein Riffelblech, ein paar Millimeter dick, das ist die Bodenplatte, mehr ist da nicht; der Lärm in der Karosse – so muss es sich für ein Hemd in der Waschmaschine im Schleudergang anhören. *Rattatattatattata.* Jetzt bremst er wirklich. Wumms, frontal nach vorn in den Sechs-Punkte-Gurt gedrückt, dann lenkt er plötzlich nach links, mein Kopf mit dem Helm knallt durch die Fliehkraft an die Seitenscheibe.

Wieso, meldet das Hirn, wieso fliegt die Kiste nicht aus der Kurve? *Roooooaaar.* Er gibt wieder Gas. Eine Schikane. Watschentanz mit Helm. Biiiiitte! Ich sag nie wieder „Ja!" Er prügelt den Wagen rund um die Rennstrecke, es fühlt sich an wie ein Rosenkrieg auf Rädern. Wir sind sozusagen geschieden. Jaaaa, gib's mir du …!

Wenn er schaltet, hört es sich immer so an, als würden uns die Zahnräder des Getriebes gleich einzeln um die Ohren fliegen. Kurz blickt er zu mir. Der grinst! Horizont im Blick behalten hilft gegen

Übelkeit, weiß ich vom Segeln. Wie soll ich in dieser platt gedrückten Blechdose, festgezurrt durch Gurte, ein paar Zentimeter vom Asphalt getrennt, einen Horizont … *Rattatatttattattata.* Rechtskurve. Jetzt bloß nicht mit dem Helm anlehnungsbedürftig auf seiner Schulter aufschlagen. Entscheidung abgenommen, Linkskurve – ich knalle wieder gegen die Seitenscheibe. Zielgerade. Nein, bitte nein, bitte keine zweite Runde.

„Helft's ihm aus dem Wagen", höre ich einen der Techniker rufen. Pfff, schaff ich doch allein. Schwindlig ist mir doch nur, weil ich wenig gegessen habe. Eine halbe Stunde sitze ich in einem Sessel neben der Strecke. Dann sehe ich, wie eine japanische Frau in den Wagen steigt.

„Ist von der Konkurrenz!", zwinkert mir ein Techniker zu. Einige Minuten später wird Ayumi aus dem Wagen gehoben. Sie war vorher auch von nobler fernöstlicher Blässe. Aber jetzt? Gestützt von zwei Helfern wankt sie auf einen schneeweißen Liegestuhl zu, der exakt dieselbe Farbe hat wie ihr Gesicht. Ich gebe es offen zu. In dem Moment denke ich mir: Wenigstens einem Menschen auf dieser Erdenkugel ist noch mehr übel als mir.

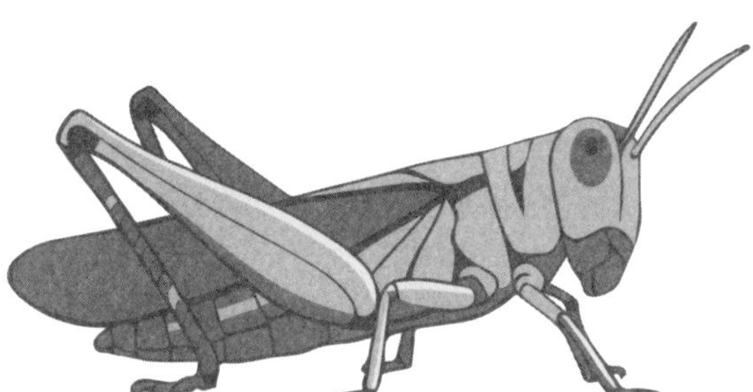

HEUSCHRECKEN SIND DIE BESSEREN AUTOFAHRER

Warum Fliegen und andere Insekten schwer zu fangen sind, hat sich mittlerweile herumgesprochen. „Die sehen alles in Zeitlupe", sagte einmal ein kleines Mädchen auf meine entsprechende Frage. Kluges Kind. Wir Menschen können bis zu 60 Bilder pro Sekunde wahrnehmen, Insekten bis zu 250 Bilder. Das heißt, für die Fliege hat eine Sekunde eine „Länge" von 250 Bildern, für uns nur eine von 60 Bildern. Damit hat das Tierchen in einem Sekundenbruchteil mehr ablaufende Bildinformationen als wir und kann reagieren. Aber wie schafft das ein Fliegengehirn? Tja, da hat sich die Natur wieder etwas einfallen lassen. Das Auge der Fliege ist aus vielen Einzellinsen zusammengesetzt. Die decken immer nur einen bestimmten Teil des Sichtfeldes ab. Damit kommt dann sogar ein Fliegen-Prozessor zurecht, weil eben nur ein Teil des optischen Systems aktiv ist.

„Das ist doch ein geniales System", berichtet uns die englische Neurobiologin Claire Rind eines Tages. Sie hat den Plan herauszufinden, ob das auch helfen könnte, die Reaktionsgeschwindigkeit von Fahrassistenten und Autopiloten zu untersuchen. Dazu muss sie studieren, wie die Abläufe in einem Insektengehirn sind. Wir besuchen Frau Professor Rind an der Universität in Newcastle. In einigen Terrarien tummeln sich die Testpiloten: Heuschrecken. Die Wissenschafterin hat herausgefunden, dass die relativ einfach aufgebauten Nervenleitungen mit Sensoren gut ausgelesen werden können. Bei der Versuchsanlage in Newcastle werden angeregte, aktive Nerven in Klicklaute umgewandelt. Vereinfacht gesagt: Flattern die Nerven, knattern die Töne. Im Labor rattert und knattert es, es knistert und knallt. Dazwischen hören wir die Filmmusik von „Star Wars".

Die unerschrockenen Schrecken sind gerade im Kino. Von einer plastilinartigen Zwangsjacke am Wegfliegen gehindert, sitzen sie vor einem Bildschirm und verfolgen Szenen aus dem Weltraumabenteuer.

Es ist schnell ersichtlich und vor allem hörbar, dass bei Actionszenen, bei denen Objekte schnell auf die geflügelten Kinogäste zusteuern, die Nerven eher blank liegen. Das könnte ja auch ein Vogel sein, der da zuschnappen will – die akustisch umgerechneten Reizleitungen glühen förmlich.

Als Menschen sind wir es gewohnt, vom Inneren eines Autos mitzubekommen, wie Insekten auf die Windschutzscheibe klatschen. Rüde und erbarmungslos werden sie von den Waschdüsen in Kombination mit den Scheibenwischern aus dem Gesichtsfeld geräumt. „Kannst du dich bitte einmal in meine Lage versetzten?!" – der Beginn so mancher Krise. In Newcastle hat Frau Professor Rind volles Verständnis für diese Frage. Deshalb sehen wir als Heuschrecke am Monitor plötzlich eine Windschutzscheibe in rasender Geschwindigkeit auf uns zukommen. Das Knattern der Nerven wird zu einem akustischen Angstschrei. Aber wie im richtigen Leben auf der Autobahn: Zum Ausweichen ist es zu spät.

In der Schweiz haben Techniker die Untersuchungen aus Newcastle umgesetzt. Sie statteten kleine Roboter mit Sensoren aus, die ähnliche Reaktionsmuster simulierten, wie sie bei den Heuschrecken gemessen wurden. Autokonzerne unterstützten die Untersuchungen.

Für die Sicherheitstechnik sind verschiedene Sensoren in Verwendung, die je nach Erfordernis unterschiedlichen physikalischen Prinzipien folgen. Beschleunigungssensoren sind die zentralen Elemente bei Airbag-Systemen in Fahrzeugen. Winzige Teilchen sind zwischen zwei kleinen elektrischen Platten gelagert. Wird das Objekt, in dem der Beschleunigungssensor eingebaut ist, bewegt, verändert das die Position der Teilchen zwischen den Platten und das führt zu einem messbar veränderten elektrischen Feld. Daraus wird dann berechnet, wie sich das Objekt bewegt hat. Darum „weiß" ihr Mobiltelefon immer so genau, wie sie es gerade in der Hand halten.

Die Physik nennt es „Negativbeschleunigung", wenn es zu einem Zusammenstoß, zu einer plötzlichen Verzögerung kommt. Vor allem im Front-Airbag und in den Seitenairbags eines Wagens benötigt man ein sehr schnell reagierendes Instrument. In den Türen sind oft noch zusätzliche Drucksensoren eingebaut, die eine Veränderung sofort an die Steuereinheit weitermelden, zum Beispiel wenn die Seitentüre zusammengedrückt wird. Gyrosensoren erkennen Drehbewegungen und reagieren, wenn ein Auto in Schieflage gerät oder ein Überschlag bevorsteht. Zunächst versuchen die Systeme, das Fahrzeug zu stabilisieren, im Ernstfall straffen sich die Sicherheitsgurte und die Airbags werden ausgelöst.

Wie in vielen technischen Bereichen, wird auch in diesem Bereich immer mehr auf individuelle Bedürfnisse der Insassen Rücksicht genommen. Die Zeiten, als für die Crashtests nur auf Männergrößen genormte Puppen verwendet wurden, sind vorbei. Mittlerweile melden Gewichts- und Positionssensoren an die Steuereinheit, welche Kräfte auf die Person einwirken werden und wie stark die Systeme eingreifen müssen. Temperatur- und Feuchtigkeitssensoren sind nicht nur dazu da, um dem Fahrer Informationen zu liefern, je nach Umweltbedingungen reagieren die Sicherheitssysteme anders.

Eine nasse Fahrbahn ist potenziell gefährlicher als eine trockene, die Kräfte auf einer vereisten Straße sind vorhersehbar und werden mit in die Berechnungen einbezogen. Das alles muss in Bruchteilen von Sekunden geschehen, die Reaktionszeit eines Menschen ist viel zu langsam, unser Gehirn ist nicht in der Lage, die vielen Faktoren zu berücksichtigen.

Das alles ist den Testpiloten im Terrarium in Newcastle nicht bewusst – aber die Natur hat für sie im Laufe von vielen Millionen Jahren ein Warnsystem entwickelt, das wir Menschen noch immer nicht genau nachbauen können. Aber wir lernen daraus. Oft sind es die mitunter belächelten Versuche, die schlussendlich ganz neue Zugänge ermöglichen und Ideen generieren, die es ohne diese Forschung nicht gegeben hätte.

Für uns war und ist es immer wichtig, auch vermeintlich Kurioses herzuzeigen. Natürlich auch mit dem Wissen, dass es Menschen sehr mögen, wenn etwas auf den ersten Blick abstrus erscheint oder abwegig. Wieso macht Frau Professor Rind das und wird auch noch dafür bezahlt? Weil sehr oft genau solche Überlegungen neue Wissenschaftsfelder erschlossen haben, die in den verschiedensten Disziplinen verwendet werden können. Grundlagenforschung wie die Versuche mit den Heuschrecken liefert die Daten für weitere Entwicklungen. Es geht nicht nur darum, die Natur zu kopieren, sondern auch aus den Erfahrungen neue Ideen abzuleiten.

Testpilot Nummer drei sitzt vor einem Video, in dem Crash-Test-Dummies in Autos gegen Wände knallen. Das regt ihn hörbar auf. Obwohl es Menschen nachempfundene Puppen sind, lässt ihn das als Heuschrecke nicht kalt.

Nach einer grässlichen Unfallserie scheint er ermüdet, nur noch einzelne Klicklaute entkommen seinem Nervenkostüm. Die Forscherin befreit ihn vorsichtig aus seinem Plastilin-Sechspunkte-Gurt. Dann kommt er zurück in den Rennstall zu seinem Team. Müde hüpft er auf sein Stammblatt. Morgen schon wartet die nächste Trainingsrunde – und womöglich heißt das neue Modell eines Autokonzerns Locusta – auf Deutsch: Heuschrecke. Oder würde es besser zu einem Hedgefonds passen?

ZAUBERLEHRLINGE DES FERNSEHENS

Schuld ist die Weihnachtsgans. Im Winter 2001 kommt ein Reporter in die Redaktionskonferenz, hält ein DIN-A4-Blatt hoch und sagt: „Ich habe das perfekte Rezept für eine Weihnachtsgans." Auf dem Blatt steht in großen Lettern Folgendes:

$$t - \left(\frac{\sqrt[3]{m^2}}{K(T_{BA} - T_{Zentrum})} \right)^2 \quad 1$$

„Ah ja …", murmelt eine Redakteurin. „Ich würde noch etwas Knoblauch dazugeben!", feixt ein anderer. Einer mit abgebrochenem Physik-Studium tastet sich vor: „Da geht es offenbar um die Zeit, die Frau Gans im Backofen verbringen muss?"

Der Mann liegt richtig. Heruntergebrochen geht es in der Berechnung darum, die perfekte Temperatur und Garzeit für eine Gans mit einem bestimmten Gewicht und einer bestimmten Fleischdichte zu ermitteln. Der vorwitzige Reporter hatte die kuriose Formel von einem Mann bekommen, auf den er in einem Kurs der Volkshochschule gestoßen war: Dort unterrichtete ein Physiker namens Werner Gruber „Kulinarische Physik".

Für die Redaktion war klar: Diesen Mann wollen wir und wohl auch unser Publikum sehen. Einige Tage später stand ein ORF-Team in einem Labor des Instituts für Experimentalphysik der Universität Wien und filmte den Gastrophysiker Werner Gruber bei der Arbeit. Eine Gans wurde nach allen Regeln der Physik vermessen, berechnet, analysiert und dann entsprechend gebraten. Der Fernsehbericht wurde noch mit Archivaufnahmen des legendären Fernsehkochs Helmuth Misak gewürzt – und fertig war ein TV-Schmankerl, mit dem alles begann.

„Zwischen der Ausstrahlung um circa 23.00 Uhr und Mitternacht landeten Hunderte E-Mails in meinem Postfach", erzählt Werner Gruber, „mit der Sendung ‚Modern Times' hat alles begonnen." Der ORF verspürte ähnliches Feedback in den Zuschauer-Reaktionen. Es war ein programmlicher Volltreffer.

Nach dem ersten Beitrag im ORF ging es Schlag auf Schlag. Gruber wurde von deutschen Privatsendern bestürmt, gab Interviews in Serie und bewies immer wieder nicht nur physikalisches Wissen, sondern auch legendäre Schlagfertigkeit. Nachdem er in einer deutschen Talkshow live einen amerikanischen Flughafen-Sicherheitsdetektor mit einigen Tricks überlistet hatte, war er endgültig ein Star in der Wissenschaftswelt.

An seinem Wiener Institut lud der Physiker dann jeden Freitag zu einem experimentellen Kochen.

„Irgendwann sind wir vor lauter Kochen zu nicht mehr viel anderem gekommen", erinnert sich Gruber. Andere Fernsehformate luden den charismatischen Universitätslektor ebenfalls ein, Anfang der 2000er-Jahre tobte sich der Physiker in der ORF-Sendung „25 – das Magazin" so richtig aus. Fleisch wurde durch eine Explosion weich detoniert, mit Pfefferschrotflinten wurden Hasen treffsicher gewürzt. Manches war dermaßen riskant und gefährlich, dass es die Sendungsverantwortlichen aus Rücksicht auf das Publikum aus dem Programm nahmen. Die ganz große Zeit des Werner Gruber sollte ohnehin noch kommen.

Ab 2005 hatte er gemeinsam mit dem Physiker Heinz Oberhummer an der Technischen Universität Wien Vorträge über „Science in Filmen" gehalten. Durch einen Zufall gerieten sie in Kontakt mit dem Kabarettisten Martin Puntigam – die Geburtsstunde der legendären „Science Busters" hatte geschlagen. Unter dem zu Kult gewordenen Motto „Wer nichts weiß, muss alles glauben" starteten die drei ein Erfolgsprogramm, das bald auch vom ORF ausgestrahlt wurde und dort immer am Dienstag für spätabendliche Quotenerfolge sorgte. Wer heute mit Werner Gruber durch die Stadt geht, der merkt schnell, wie populär er mittlerweile geworden ist.

Shows und Serien, die sich mit Wissenschaft beschäftigen, zählen zu den erfolgreichen Formaten. Sie verlieren aber meistens an Zuspruch, wenn nur noch geblödelt wird, wenn es mehr um Klamauk als um Wissensvermittlung geht. Die ursprünglich erfolgreichen „Myth-Busters", erfunden vom amerikanischen Sender Discovery, endeten nach 14 Jahren wegen sinkender Einschaltquoten. Der wehmütige Abgesang der Protagonisten deutet an, warum der Spaß ein Ende hatte. Sie rühmten sich, 2950 Experimente gemacht und 900 Explosionen gezündet zu haben. Das klingt spektakulär – aber welchen Mehrwert hatte das für ein Publikum, das auch etwas lernen, etwas mitnehmen wollte? Irgendwann ist das hundertste Auto abgefackelt und die fünfzigste Schaufensterpuppe in die Luft gesprengt. Der Erkenntnisgewinn: Es brennt, es knallt.

Aber manchmal ist es mir ein bisschen zu viel Zurückhaltung. Eines Tages rief mich ein Bauingenieur-Student einer Technischen Hochschule an. „Wir haben da eine alte Straßenbrücke testweise in die Luft gesprengt. Hat unglaublich toll ausgesehen. Interessiert euch das?"

Ich bin elektrisiert. „Ja klar, das klingt spektakulär. Habt ihr das gefilmt?"

„Nein, warum?" war die Antwort. Das ist dann für das Fernsehen eher bildkarg.

Natürlich wollen auch wir Forschung gut ins Bild rücken, Wissenschaft anschaulich herzeigen. Dabei wird auch inszeniert, keine Frage. Viele Forscher können ein Lied davon singen, wie oft sie ein und denselben Handgriff machen mussten, damit wir aus den Aufnahmen einen Film schneiden konnten. Wenn gute Kameraleute am Werk waren, mit viel Licht eine Forschungsstätte ausgeleuchtet wurde, habe ich sehr oft Wissenschafter staunend fragen hören: „Was, das ist unser Labor?"

Ich bin dankbar für die Geduld, die uns immer und immer wieder entgegengebracht wurde. Und für das Verständnis, dass Fernsehen eben so funktioniert, wie es funktioniert. Unvergesslich ist mir eine großartige Virologin, die uns während der Pandemie so viel geholfen hat. „Sie wissen schon, warum ich Virologin geworden bin?“, fragte sie mich.

Meinen fragenden Blick beantwortete sie folgendermaßen: „Damit ich in Ruhe in meinem Labor forschen kann – und jetzt sitze ich hier in diesem Fernsehstudio und mir knallen Dutzende Scheinwerfer ins Gesicht.“ Ich konnte sie so gut verstehen. Andere, meistens sind es Männer, muss man nicht erst fragen – sie drängen ins Licht.

Immer wieder versuchen wir, junge Wissenschafterinnen und Forscher in die Öffentlichkeit zu bringen. Das gelingt immer besser, doch die Anfänge waren nicht immer einfach. Eines Tages hatten wir einen kompetenten und medienwirksamen jungen Mann auf Sendung gebracht. Das funktionierte mehrmals gut, bis er uns mit immer fadenscheinigeren Ausreden nicht mehr zur Verfügung stehen wollte. Es war mir ein Rätsel, warum das so war.

Einer seiner Kollegen klärte mich bei einem Mittagessen auf. „Die Frau seines Professors hat ihn in den Hauptnachrichten gesehen. Er musste ihr erklären, warum ‚sein Zauberlehrling‘ die große Lippe riskiert, während der Chef mit Hauspantoffeln neben ihr auf der Couch sitzt.“ Gegen diese Sitcom kamen wir nicht an.

WO IST DER BRUDER?

Wir schnorcheln in Begleitung eines Tropenforschers in einem Klarwasserfluss im Amazonasbecken. Es ist wie im Paradies. Im glasklaren Wasser schwimmen Fische in allen Farben, blicken wir nach oben, sehen wir bunte Papageien. Das Wasser ist warm, der kleine Fluss schlängelt sich durch den Tropenwald. Plötzlich bleibt der Wissenschafter im brusttiefen Wasser stehen und zeigt ans Ufer.

„Seht ihr das?“

Meine Augen suchen die Uferböschung ab. Angestrengt versuche ich, irgendetwas zu erkennen, aber Fehlanzeige. Ich gehe im Wasser einige Schritte Richtung Ufer, da hält mich unser Guide am Oberarm zurück.

„Nicht näher hingehen, nur genauer schauen!“

Er versucht, meine Blickrichtung einzunehmen, und zeigt mit seinem Zeigefinger auf einen Uferabschnitt genau gegenüber. „Da!“

Jetzt sehe ich es, nein, nicht „es“ – ich sehe „sie“. Eine Anakonda liegt halb im Wasser, halb am Land. Wie lang sie ist, sehe ich nicht, aber der Umfang lässt vermuten: Klein ist die nicht.

Ich gehe wieder einige Schritte zurück. Der Forscher grinst: „Keine Angst, die hat gerade gefressen.“

Hinter mir meldet sich halb laut mein Kameramann: „Glaub ich schon – aber wo ist der Bruder?“ Jetzt lachen alle.

„Den Bruder wird es wohl geben, aber der lebt anderswo. Anakondas haben ihre eigenen Reviere – das verteidigen sie auch gegen die Verwandtschaft.“

Es ist nicht das erste Mal, dass ich von Biologinnen und Forschern lerne, genau hinzusehen, genau hinzuhören. Als Leitmotto gilt: „Auch wenn du sehr aufmerksam bist: Bevor du ein Tier in freier Wildbahn siehst, hat es dich längst bemerkt.“ Ich weiß nie, ob ich das als tröstlich empfinden soll oder als bedrohlich. In einem Dschungel wie im südamerikanischen Regenwald kommt man sich dann doch sehr beobachtet vor. Wer sich in einem der wunderbaren europäischen Wälder wundert, was da alles singt und pfeift, der glaubt im Amazonasgebiet, inmitten eines animalischen Weltorchesters zu sein. Und wer weiß, vielleicht holt der Brüllaffe gerade mit dem Paukenschlägel aus.

Wir sind aufgebrochen, um zu einem vorgeschobenen Camp im Amazonas-Regenwald rund um Manaus zu gelangen. Unsere Begleiter sind Wissenschafter der brasilianischen Umweltbehörde IBAMA.

Wer zum ersten Mal längere Fußmärsche durch den Dschungel macht, merkt sehr schnell: Das ist kein Gebiet für verwöhnte Kontinentaleuropäer, das ist keine Region für Menschen, die mit Klimaanlagen aufgewachsen sind oder sich bei dreißig Grad in den Schatten flüchten. Schatten! Hier ist überall Schatten, die riesigen Baumkronen in unterschiedlichsten Höhen erlauben erst gar keinen Blick in den Himmel. Trotzdem ist es unerträglich heiß und schwül. Wir schwitzen, schleppen unsere Ausrüstung, die Forscher helfen uns dabei.

Plötzlich bleibt einer stehen, legt den Zeigefinger auf den Mund und sagt: „Hört ihr das?" Was meint der gute Mann? Ich höre seit Stunden ein Inferno an Tierstimmen, Gekrächze, Gekreische, Gebrüll. Er zeigt mit der linken Hand in eine Richtung und hält die rechte Hand ans Ohr.

Dort links also soll etwas Besonderes sein. Er biegt einige Äste zur Seite, zwängt sich durchs Dickicht, bleibt stehen und horcht. Dann biegt er einen Ast zu sich herunter, blickt auf ein großes Blatt und winkt uns zu sich. Ich stelle das Kamerastativ auf den Dschungelbogen und folge dem Forscher. Er deutet mit seinem Zeigefinger auf das Blatt. Da sitzt ein kleiner Frosch, ein paar Zentimeter groß, er ist leuchtend gelb-orange. „Phyllobates terribiles", sagt der Wissenschafter. Terribile, das weiß ich noch vom Lateinunterricht und auch vom englischen „terrible", bedeutet „schrecklich". Dieser Frosch, der kann kein Guter sein. In der Tat: Es ist ein Pfeilgiftfrosch, in der deutschen Übersetzung heißt die Art tatsächlich „Schrecklicher Pfeilgiftfrosch".

Verraten hat sich der Hüpfer durch seine klickartigen Rufe, mit denen er sein Revier markiert; unser Guide versucht die Laute nachzumachen, denn der Giftzwerg gibt keinen Mucks mehr von sich. Wir erfahren, dass die Einheimischen die Frösche vorsichtig fangen. Dann machen sie die Tiere angriffslustig, indem sie sanft auf ihren Körper drücken. Schnell bildet sich auf der Haut des Frosches giftiger Schleim, der dann abgeschabt wird. Das ist dann das Gift, das auf Pfeilspitzen aufgetragen wird. Es ist hochwirksam, die Jäger sind deshalb extrem vorsichtig im Umgang mit der Substanz.

Wir schleppen uns weiter durch den Dschungel. Endlich erreichen wir eine kleine Lichtung, die in den Regenwald geschlagen wurde. Hier soll unser Nachtlager sein. Wasser haben wir zum Glück genügend mit. Das Essen kommt aus Konserven, die mit einem Gaskocher aufgewärmt werden. Hängematten werden aufgehängt und Moskitonetze ausgeteilt. Unsere einheimischen Begleiter schärfen uns ein: „Niemand geht in der Nacht außerhalb dieser Hängematten, die im Kreis aufgehängt sind!“

Auch nicht, wer ein dringendes Bedürfnis hat. Für diesen Fall ist ein kleiner Verschlag aus Ästen in der Mitte des Lagers zusammengestellt worden, in der Mitte ist ein Loch im Boden. Anschließend gibt es noch eine kleine Lage- oder Lagerbesprechung. Natürlich wollen wir wissen, was das Gefährlichste im Dschungel ist, welche Erlebnisse die schlimmsten waren.

„Das Gefährlichste sind wir Menschen“, sagt João. Wenn Expeditionen schiefgingen, so sagt er, dann wegen der Moskitos. Die können so unerträglich werden, dass abgebrochen werden muss. Aber was ist mit ihm, dem König des Regenwalds? Mit dem Onça? Die Forscher lächeln.

„Ja, er ist der König. Aber glaube mir, den siehst du nicht. Ich bin seit Jahrzehnten im Regenwald unterwegs. Ein einziges Mal habe ich einen gesehen – und das auch nur kurz. Den Blick aber, den werde ich nie vergessen.“ „Onça.“ Sie sprechen es immer mit einer gewissen Ehrfurcht aus hier im Gebiet des Amazonas.

In meiner Hängematte sehe ich ihn doch vor mir, auch wenn ich in nicht wirklich sehen werde. Den Onça, den Jaguar. Als die Brüllaffen in der Dämmerung loslegen, wünsche ich mir fast kindlich, der Onça möge uns bitte verteidigen. Zu viel „Dschungelbuch“ gesehen, wo der Panther Baghira das Menschenkind Mogli rettet. Irgendwo da drinnen, in diesem unfassbar großen Waldgebiet, dort, wo es gerade so furchtbar laut ist, da ist er, der Onça. Im nächtlichen Dschungel ist der Lärm infernalischer. Ich erinnere mich, wie europäische Dichter die nächtliche Stille besingen. Solche Gedichte wären ihnen hier nie und nimmer eingefallen. Man muss nicht ängstlich sein, um hier ein mulmiges Gefühl zu haben. Irgendwann, nachdem ich Zehntausende Schäfchen gezählt habe, die allesamt von diesen Kreaturen aus diesem finsteren Dschungel da drüben gefressen wurden, falle ich in einen Dämmerschlaf.

Ich erwache mit einem dringenden Bedürfnis. Zunächst versuche ich es zu ignorieren, doch die Blase ist unerbittlich. Moskitonetz weg, dann setze ich mich auf. Ich mag nicht zu diesem Verschlag mit dem Loch in der Mitte gehen. Da drüben ist ein Baum, sind ja nur ein paar Meter. Ich stehle mich die paar Schritte aus dem Lager – oh, danke, lieber Baum. Da packt mich etwas an der Schulter.

Ich erstarre zur Salzsäule. Onça? Anakonda? Mein Puls rast, Marathon-Zieleinlauf nix dagegen.

„Ich habe gesagt: Keinen Schritt aus dem Lager hinaus. Wir sind nicht in Österreich!“ João deutet streng mit dem Zeigefinger. Ich verkrieche mich reumütig in meine Hängematte.

Ein paar Tage später schenken mir unsere Guides zum Abschied eine kleine Jaguar-Figur. Auf einem kleinen Schild steht: „Für den großen Onça-Jäger aus Österreich, der sich ganz allein in das Reich des Dschungelkönigs gewagt hat.“ Drei Schritte sind ja nicht nichts.

RUSSISCHE METHODEN

Ein Startplatz für eine Rakete ist immer imposant. Für Weltraumtechniker nicht so unbedingt, aber diesmal ist es doch etwas Besonderes. Wir sind in Kourou, in Französisch-Guyana. Zum ersten Mal steht an diesem Oktobertag im Jahr 2011 eine russische Sojus-Rakete auf einer Startrampe außerhalb des Territoriums der ehemaligen Sowjetunion. Die Verhandlungen waren lang – doch nun ist der bekannteste und verlässlichste Lastesel der Raumfahrt bereit zum Abheben.

Am Tag zuvor habe ich mich mit einigen russischen Technikern angefreundet, die gerne Anekdoten aus der Sowjetzeit zum Besten geben. Ein Kameramann mit russischen Wurzeln und ein früherer DDR-Raumfahrtjournalist komplettieren das Team. Sie haben gehört, dass man viel trinken muss, um Russen Geschichten zu entlocken? Sie haben richtig gehört.

US-amerikanische Astronauten und Technikerinnen bekommen jedoch nicht deswegen glänzende Augen, wenn sie über die Erlebnisse mit der russischen Raumfahrt erzählen. Sie können oft heute noch nicht begreifen, wie unbekümmert sowjetische Ingenieure mit dem Weltraum umgingen.

„Für die war ein Flug ins All wie ein Schulausflug", sagt mir eine Astronautin nach einem harten Trainingstag in Florida. Als ich in Kourou meine Tischgenossen darauf anspreche, zucken sie lachend mit den Achseln.

„Kann schon sein, aber wichtig ist doch, dass es funktioniert. Wozu die Aufregung?"

Tags zuvor hatten sie mir in der Vorbereitungshalle für den Start Messinstrumente und Armaturen gezeigt, die mich an die Armaturen im Heizungskeller meines Vaters in den 1970er-Jahren erinnerten. Als ich zu fotografieren begann, lachten sie laut: „Was sich bewährt hat, hat sich bewährt."

Bei all dem Skurrilen ist der Truppe dennoch ein Selbstbewusstsein anzumerken, das beeindruckt.

„Glaub mir, die wissen ganz genau, was zu tun ist“, flüstert mir der frühere DDR-Journalist zu. Er kennt die sowjetische, die russische Raumfahrt seit Jahrzehnten. Jetzt muss ich als Reporter natürlich fragen, wie es war, als alles begann. Wie war das mit dem ersten Mann im Weltraum, wie war das mit Juri Gagarin? Einer der Russen lehnt sich zurück, schließt kurz die Augen, dann blickt er mich mit matten Augen an. „Das war schon was.“

„Einen Wodka auf Juri!“, ruft ein anderer. Nun denn: „Sa sdorovje!“

Das mit dem Juri war so: Um ein Haar, wirklich um ein Haar, wäre das alles schiefgegangen. Ja, er war der erste lebende Mensch im Weltraum, aber zurückgekommen wäre er fast schon wieder gleich als Toter. Ganz auf den Pfotenspuren der weltberühmten Hündin Laika.

Laika ist auch so eine russische Legende. Im November 1957 wurde sie an Bord der Sonde Sputnik 2 ins All geschossen. In einem Ausleseprogramm unter vielen Hunden hatte sich der dreijährige Mischling als besonders zäh erwiesen. Schleudertraining in Zentrifugen, höllischer Lärm, mörderische Ausdauertests, die braun-weiß gescheckte Laika steckt alles weg. An Bord der Sonde wird sie in eine verkabelte Zwangsjacke gesteckt, Sensoren messen Herzschlag und einige andere Parameter. Deshalb weiß man heute, dass Laika den Ausflug in den Weltraum nicht lange überlebte. Sie schafft es in die Umlaufbahn, umkreist als erstes irdisches Lebewesen den Planeten Erde, doch schon bald ist die Reise für Laika zu Ende. In der Kapsel war die Temperatur auf 41 Grad angestiegen, die Hündin erlag sieben Stunden nach dem Start einem Hitzeschlag. Die sowjetische Propaganda verschweigt das. Laika, so heißt es, sei nach einigen Wochen wegen Sauerstoffmangels friedlich eingeschlafen.

Tatsache ist: Die tierische Kosmonautin kreiste als toter Hund noch fünf Wochen um die Erde, insgesamt 2500-mal, dann verglühte sie mit der Sonde beim Wiedereintritt in die Erdatmosphäre. Ein Krematorium erster Klasse für einen Mischlingshund. „Das alles wusste Juri natürlich, der war ja in alles involviert“, sagt einer der Techniker.

Gagarin war strammer Parteisoldat und hielt selbstverständlich dicht. „Alles nach Plan, Genossen.“ Es sollte anders kommen. Gerhard Kowalski, der DDR-Journalist, hatte Kontakt zur Familie Gagarins. Er hat den „streng geheimen“ Flugbericht, den Gagarin einen Tag nach dem Flug ins All verfasste, gelesen und dokumentiert. „Die wollten ja nicht zugeben, wie knapp das alles war“, sagt er mir in Kourou. Eine zentrale Lüge der Propaganda ist, wie Gagarin nach der Mission gelandet ist.

Offiziell landete er in einer Kapsel, die von der Raumsonde abgekoppelt wurde, so wie es heute noch passiert. Diese Landung ist auch mit Kapsel „alles andere als gemütlich, das macht einen ordentlichen Rumpler“, erzählt mir Österreichs einziger Kosmonaut Franz Viehböck, der nach seiner Weltraummission 1991 in der kasachischen Steppe aufschlug.

Gagarin aber hatte diese Schutzhülle nicht, er landete mit dem Fallschirm. In den geheimen Akten beschreibt er detailliert die kritischen Momente: „Ich dachte: Alles normal – ich werde zu Hause landen. Ich wartete auf das Katapultieren. Zu dieser Zeit wurde der Deckel der Luke Nummer 1 abgesprengt: Ein Knall – und der Lukendeckel flog weg. Ich drehte den Kopf nach oben und schon gab es einen Knall, einen Schuss und ich wurde hinauskatapultiert. Das ging sehr weich vonstatten. Ich flog mit dem Sitz hinaus, betätigte den Stabilisierungsfallschirm. Ich saß bequem. Unter diesem Stabilisierungsfallschirm drehte es mich nach rechts.“

Gagarin ist Passagier, er kann nicht eingreifen. Aber er ist aufmerksam: „Dann öffnete sich der Reservefallschirm, ich habe die Gegend beobachtet, habe gesehen, wo die Kugel gelandet ist, der Landeapparat. Der weiße Fallschirm, die Kugel lag nicht weit vom Wolga-Ufer entfernt. Sie war ungefähr vier Kilometer von mir entfernt gelandet.“ Damit ist klar dokumentiert, dass Gagarin mit dem Notfallschirm gelandet war.

Nachdem er „sehr sanft“ auf einem Acker aufgesetzt hatte, sah er eine Bäuerin mit einem kleinen Kind. Sie blickte ihn erschrocken an, prallte zurück. Was mag sich die Frau gedacht haben, als sie dieses

Wesen im Raumanzug erblickte? Gagarin winkt ihr. „Keine Angst, fürchten Sie sich nicht! Ich bin einer von uns, ein Sowjetmensch. Kommen Sie her! Ich komme aus dem Kosmos." Wenige Minuten später jagen Militärfahrzeuge heran. Die Sowjetunion hat ihren Helden.

In Kourou nehmen die Ansprachen vor dem ersten Start einer Sojus-Rakete kein Ende. Endlich, nach Stunden, betritt der Vertreter der russischen Raumfahrt die Bühne. „Guten Tag, meine Damen und Herren! Wir Russen reden darüber, wenn es gelungen ist. Ich danke Ihnen." Was für eine Schande, dass durch einen sinnlosen Angriffskrieg gegen die Ukraine die Zusammenarbeit zwischen Russland und den anderen Weltraumnationen so schwierig geworden ist. Die tollkühnen Männer und Frauen, die grandiosen Physikerinnen und Techniker, sie, die nicht für Kriege, sondern für Forschung und Fortschritt eintraten, sie werden schmerzlich vermisst.

DAS MAGERSÜCHTIGE URKILOGRAMM

So sicher waren sie sich gewesen im Jahr 1889. Endlich ein verlässliches Referenzobjekt, das rund um den Globus als Norm diente. Das Urkilogramm. Ein kleiner Zylinder aus Iridium und Platin wurde unter eine Glasglocke gestellt und streng bewacht in einem Tresor im Pariser Vorort Sèvres verwahrt. Ob für den Fischhändler in Sizilien oder den Gemüsebauern in Untergotschuchen: Für alle war dieses Stück Metall in letzter Konsequenz das Maß aller Dinge. Kein Patient konnte seinem Arzt in Hinkunft vorschwadronieren, er habe gar nicht so viel Übergewicht – nichts da, was es wiegt, das hat es.

Und plötzlich, im Jahr 2018 dringt die erschütternde Kunde zu mir – es ist ein Schlag in die Magengrube: Das Urkilogramm hat selbst ein Gewichtsproblem! Wie kann es sein, dass ein Ding, das so penibel auf sein Kilo achtet, mit einem Mal vom Idealgewicht abweicht? Welchen Weight Watchers ist das aufgefallen und wie? Dieser Zylinder hatte doch noch nie eine Taille, also der Bauchumfang kann es nicht sein. Aber vor allem bitte: Wer will dem Urkilogramm sagen, es sei keines mehr? Da könnte doch das Urkilogramm sagen: „Moment! Du hast ein Gewichtsproblem, nicht ich!" Fragen über Fragen.

Wir arbeiten uns in die Materie ein, es ist ja immerhin ein gewichtiges Thema. Das Erste, was in Erfahrung zu bringen ist: Das Urkilogramm ist nicht zu schwer, es ist zu leicht. Hmmm … Im Vergleich zu was? Eine ernüchternde Botschaft erreicht uns: Es gibt mehrere Urkilogramme! Was uns schon grammatikalisch aus dem Gleichgewicht bringt. Mehrere Gramme, Gramms, Grämmer – es ist nicht leicht. Zu leicht ist hingegen das wirkliche Urkilodings. Egal. Es gibt mehrere davon. Weil im Jahre 1889 einige Kopien hergestellt wurden. Und die und das auserkorene Urkilogramm waren alle gleich schwer.

Und jetzt stellte sich bei Vergleichen immer wieder das Gleiche heraus: Das Urkilogramm nimmt im Vergleich mit seinen Geschwistern ab. Aber wieso?

Die ersten Verdachtsmomente waren welche, die man aus dem Leben kennt: Die Putzfrau ist schuld. Sie hat dem Urkilogramm mit dem Putzlappen auch gleich Gewicht abgestaubt. Das hätte ihr doch auffallen müssen. Um 0,00005 Gramm ist das gute Stück abgemagert. Der Verdacht lastet schwer auf ihr, doch Diätologen der Physik entlasten die arme Frau: Daran könne es nicht gelegen sein – die Kopien würden ja auch pfleglich behandelt und erfreuten sich untereinander eines konstanten Gleichgewichts.

Britische Schwergewichte der Forschung, mit den kontinentaleuropäischen Maßeinheiten ohnedies immer wieder einmal auf Kriegsfuß, mutmaßen, die Legierung könnte sich mit Quecksilber angereichert haben, was zu einer Verdampfung führte – womöglich hatte die Putzfrau kurz vor ihrer Kilo-Reinigung bei der Klo-Reinigung Kontakt mit einem alten Fieberthermometer oder Ähnlichem.

„Halt!“, werfen da schwergewichtige deutsche Forscher ein: „Es könnte auch Wasserstoff aus dem Urkilogramm entwichen sein.“

Das würde zwar die Putzfrau entlasten, das Abspecken aber nicht hinreichend erklären. Außerdem wirft ein internationales Forscherteam ein gewichtiges Gegenargument in die Waagschale: Wenn die Putzfrau-Hypothese in Erwägung gezogen wird, muss umso mehr ins Gewicht fallen, dass durch den Reinigungsprozess mit einer Gewichtszunahme zu rechnen ist. Denn auf einer gesäuberten Oberfläche setzen sich Moleküle viel schneller ab als auf einer, die noch mit Kohlenstoffverbindungen behaftet ist. Das führt unweigerlich zu mehr Gewicht, nicht zu weniger. Das war mit der Röntgenphotoelektronenspektroskopie kinderleicht nachzuweisen. Der kiloschwere Streit, schien mir als Journalist, konnte keinen Sieger haben. Die Medizin kennt das wunderbare Wort „idiopathisch“. Das heißt auf gut Deutsch: „Keine Ahnung, warum.“

Der Ausweg aus der dilemmatischen Kilokrise wurde im November 2018 unter fünfzig Staaten vereinbart. Deutsche Physiker haben die neue Definition des Kilogramms festgelegt: Sie zählten und wogen Silizium-Atome ab – die bleiben immer gleich. Eine Siliziumkugel, ungefähr so groß wie ein Tennisball, enthält 2,15 mal 1025 Siliziumatome. Oder anders: 21500000000000000000000000 Atome. Das entspricht einem Kilogramm. Die Putzfrau wurde freigesprochen.

PINGUINE AM STAMMTISCH

In einem Wirtshaus ergattere ich mit einem Freund einen Platz unmittelbar neben dem Stammtisch. Gerade wird einer der Tischkumpanen darauf angesprochen, dass er „watschelt wie ein Pinguin", weil er sich wohl Bier und Schweinsbraten des Öfteren gut schmecken lässt, einige Kilo zu viel um die Hüften hat und deshalb nicht mehr wie ein junges Reh durch die Gaststube springt.

Der Mann ist nicht verlegen. „Ihr habt alle keine Ahnung! Ich gehe nur so, weil das kraftsparend ist. Ich habe mir das von Pinguinen abgeschaut, die sind die Meister im Energie-Sparen! Ich hol mir beim Gehen 80 Prozent der Energie zurück, das schafft ihr mit eurem Gehopse nie!"

Mein Freund sieht mich an, wir grinsen. War das nicht genau die wissenschaftliche Erkenntnis, die wir vor drei Tagen in unserer Sendung vorgestellt haben? Da ging es um die Fortbewegung dieser Vögel in der Antarktis. Im Wasser sind sie stromlinienförmig und wendig, das war immer klar. An Land aber galten sie immer als behäbig und langsam. Wissenschafter der Universität Berkeley in Kalifornien hatten den Laufstil genauer unter die Lupe genommen und herausgefunden: Der tollpatschig anmutende Gang ist wesentlich effizienter als gedacht.

In Versuchsreihen wurden die Pinguine über Sensorplatten geschickt, mit denen genau vermessen werden konnte, welcher Kraftaufwand für die Fortbewegung notwendig war. Schnell wurde klar: Es ging zwar langsam vorwärts, dafür aber sehr ökonomisch und effizient. Die Kaiserpinguine schafften es, sich mit einer Pendelbewegung, etwas von der eingesetzten Energie zurückzuholen, weil der Schwerpunkt der Tiere durch ihren aufrechten Gang sehr hoch gelegen blieb. Das erkläre auch, so die Forscher, warum Schwangere oder Übergewichtige in diesen Modus umschalten würden. Der Wortführer am Stammtisch hatte also sehr gut zugehört und zugesehen.

Wenn wir es schaffen, mit unseren Berichten die Lufthoheit über den Stammtischen zu festigen, soll uns das recht sein. Es passiert nicht so selten, dass die Erkenntnisse von Forscherinnen und Wissenschaftern als Erkenntnisse deklariert werden, die jemand selbst gewonnen haben will. Die Quellenangabe, woher das Gewusste stammt, muss ja nicht bei jeder Gelegenheit akribisch sein.

Wir Journalisten müssen belegen, woher Daten oder Studien stammen – wenn sie in der Öffentlichkeit Anklang und Interesse finden, ist das umso besser. Oft sind es auch einfach Bilder, die hängenbleiben und die dann diskutiert werden. Bei Pinguinen war das mehrfach so.

Deutsche Wissenschafter erfanden auf der sturmumtosten Insel Ardley-Island in der Antarktis eine außergewöhnliche Methode, das Schwimmverhalten von Pinguinen zu studieren. Sie bauten vor ihrer Forschungsstation einen durchsichtigen Tunnel aus Plexiglas, der als Schwimmkanal diente. Mit Kameras und vielen Sensoren wurde gemessen, wie die Körperform der Pinguine die schnellen Bewegungen unter Wasser begünstigte.

Während die Schwimmstaffel ihre Trainings absolvierte, standen Dutzende ihrer Artgenossen am Tunnel und sahen einigermaßen verdattert zu, was da vor sich ging. Wie sollte das in einem Vogelgehirn auch zusammenpassen: Da schoss der Cousin an einem vorbei und man selbst stand trockenen Fußes daneben.

Als einige versuchten, dem Schwimmer nachzulaufen, wurde klar, dass die Tiere für das Wasser optimiert sind, nicht für das Watscheln an Land, so energiesparend es auch war. Die Strömungsprofile waren um ein Drittel effizienter als die der besten Schiffsrümpfe, wurde anschließend in einem schiffsbautechnischen Labor in Deutschland herausgefunden. Umgerechnet auf den Schwimmkörper würden Pinguine demnach mit einem Liter Treibstoff 1000 Kilometer weit schwimmen können. Das ist noch deutlich effizienter als der energiesparende Gang unseres Stammtischphysikers.

Beim nächsten Besuch im Freibad hatte er sicher schon die richtige These parat, warum sich sein Bierbauch unter Wasser als extrem vorteilhaft erweist.

DER TROTTELAUSWEIS

Der öffentliche Raum, so denke ich mir oft, müsste sauber sein wie noch nie. Denn auf Schritt und Tritt begegnet einem ein Wisch-Mob. Betreten Sie einen U-Bahn-Waggon oder ein Zugabteil – der Wisch-Mob ist in Aktion. Steigen Sie in einen Bus ein – Wisch-Mob. Stehen Sie vor einem bekannten Gebäude – Wisch-Mob. Zu Hunderten tun Menschen in solchen Situationen nur eines: wischen.

Ein einziger Streichelzoo bevölkert den öffentlichen Raum. Denn es geht offenbar nur um eines: das Mobiltelefon für keine Sekunde aus den Augen zu lassen. Dafür rempelt man beim Aussteigen andere Passagiere an, dafür stolpert man über Kleinkinder, dafür rammt man auf der Rolltreppe der Frau vor einem das Telefon in den Rücken. Es könnte einem ja etwas entgehen. Der Wisch-Mob ist aktiv.

Ich versuche es zu vermeiden. Wenn es geht, habe ich ein Buch mit oder ich denke über etwas nach und lasse das Mobiltelefon in der Tasche. Aber wer in der öffentlichen Telefonzelle U-Bahn sitzt, soll nicht mit Handys werfen.

Als ich eines Tages in einer Wiener U4 einen Termin auf meinem Mobiltelefon suche, steht plötzlich eine junge Frau neben mir. Sie blickt auf das Telefon, dann auf mich. Schließlich sagt sie mit einiger Verachtung in der Stimme: „Aha, haben wir auch den Trottelausweis dabei? Von Ihnen hätte ich mir das nicht erwartet.“ Bevor ich meine Schnappatmung beendet habe, ist sie verschwunden. Ich bin ihr nicht böse, ganz im Gegenteil. Sie hat mir klargemacht, wie sehr auch ich von diesem Gerät abhängig geworden bin. Dabei begann es harmlos.

Im Jahr 1994 erzählt mir ein Freund, der gute Verbindungen nach Finnland hat, von den Ideen eines finnischen Telefonkonzerns mit Mobiltelefonen.

„Die sind sicher, dass diese Geräte in Zukunft mehr können werden als telefonieren.“

„Aha“, sagte ich, „und was zum Beispiel? Schach spielen?“ Für mich die abstruseste Idee, die mir einfiel.

„Das weiß ich nicht“, sagte mein Freund, „aber die Rede ist zum Beispiel von Kameras, die man einbauen könnte.“

Ein Fotoapparat in einem Telefon? Ich traute meinen Ohren nicht. Waren doch die vorhandenen Mobiltelefone allein schon groß wie Bauziegel. Wie sollte das funktionieren?

Die ersten Mobiltelefone in Österreich waren in den 1970er-Jahren in Autos eingebaut. Dabei war zu beachten, dass jede Region mit einer anderen Vorwahl zu erreichen war, man musste wissen, wo sich der gewünschte Gesprächspartner gerade aufhielt. In Wien war es 022205, in Linz 072205 und so weiter. Ein Mobiltelefon war in der damaligen Währung für 100.000 Schilling zu haben, das wären ohne Inflation gerechnet heute an die 8000 Euro, dazu kam eine monatliche Grundgebühr von 1800 Schilling. Trotz der horrenden Preise war 1984 Schluss mit dem sogenannten B-Netz: Die maximale Teilnehmerzahl von 1770 war erreicht, die technische Kapazität erschöpft. Als nächste Innovation kam das C-Netz auf den Markt, mit dem man auch außerhalb des Autos telefonieren konnte. Von „handy“ oder „handlich“ konnte eher nicht die Rede sein. Elf schlanke Kilogramm wog der Koffer mit der gesamten Ausrüstung.

In den 1990er-Jahren wurde dann das GSM-Netz etabliert, die Telefone wurden kleiner und kleiner. Und dann war da die Geschichte mit den Texten. Mein Finnland-Freund erzählte mir dazu folgende Geschichte: Einer der Techniker des finnischen Konzern sagte zu seinen Chefs, es wäre auch möglich, kurze Textnachrichten zu verschicken. Was er erntete, war energisches Kopfschütteln. „Die Leute wollen telefonieren, aber sicher nicht umständlich Buchstaben in die Telefone tippen!“

Der Techniker ließ nicht locker und irgendwann sagten die Leute in den oberen Etagen seiner Firma: „Gut, dann bieten wir das halt auch an, als kleinen Gag.“ Wenige Wochen später verdienten die Mobilfunkkonzerne horrende Summen mit den Nachrichten. Sie verlangten pro Nachricht – in der Hochblüte des digitalen Geld-Druckens – bis zu vierzig Cent pro Nachricht. Der Höhepunkt war 2016 mit weltweit 20 Milliarden Textnachrichten via SMS – pro Tag.

In Österreich war das Rekordjahr 2012 mit 7,8 Milliarden Nachrichten. Doch das alles wurde weggewischt. Die Smartphones eroberten die Welt.

Von entscheidender Bedeutung war eine Technologie, die das alles erst möglich machte: die Stromspeicherung über Akkumulatoren. 2019 bekamen drei Techniker den Nobelpreis dafür, dass sie die Entwicklung vorantrieben.

Es ist ein typisches Beispiel dafür, wie Wissenschaft funktioniert, wie sie global zusammenarbeitet, um das optimale Ergebnis zu erzielen. Stanley Whittingham aus den USA erfand in den 1970er-Jahren die Lithium-Batterie. Die schaffte aber nur geringe Volt-Zahlen und ging öfter einmal in Flammen auf. John Goodenough aus Großbritannien entwickelte das Modell Anfang der 1980er-Jahre weiter und kam auf vier Volt Spannung. Auf diesem Wissen aufbauend entwickelte Akira Yoshino in Japan 1985 die erste Lithium-Ionen-Batterie. Der technische Durchbruch war geschafft.

Die grundlegende Technik für den Touchscreen, auf dem man herumwischen kann, ist jahrzehntealt. Allerdings war es bei den frühen Modellen notwendig, Druck auf die Oberfläche auszuüben. Das änderte sich durch die Erfindung des sogenannten kapazitiven Touchscreens. Hier erkennt das System bei Berührung mit einem Finger oder einem leitenden Stift die Veränderung. Denn genau in diesem Bereich des Bildschirms verändert sich die „Kapazität", was von einem Kontrollsystem verarbeitet wird. Möglich ist das, weil wir als Menschen elektrisch geladen sind. In den kapazitiven Bildschirm ist eine dünne elektrostatische Schicht eingearbeitet, die Veränderungen des elektrischen Feldes registriert und auch der Stelle zuordnet, die berührt wurde. Es funktioniert dann nicht, wenn Gegenstände wie ein Isolator wirken und deshalb das elektrische Feld des Benutzers nicht auf den Schirm übertragen wird.

So begann also das große Wischen. Die Reaktionszeiten der Bildschirme wurden durch neues Material und schnellere Schaltkreise immer besser. Dass man Bilder mit zwei Fingern vergrößern oder verschieben kann, ist reine Programmiertechnik, die dem System vorgibt, wie es auf bestimmte Gesten reagieren soll. Welche Gesten für die Endnutzer am praktischsten sind, wird in vielen aufwendigen Experimenten herausgefunden. Genau beobachtet wird, auf welche Punkte Versuchspersonen auf dem Mobiltelefon blicken und welche Symbole besonders schnell erkannt werden.

Und, ja, selbstverständlich sind Sie ein gläserner Mensch. Wann immer Sie in das Internet einsteigen, egal ob mit „Geheimmodus" oder nicht – Sie sind mit einem klar lesbaren Kennzeichen unterwegs, vergessen Sie das nie. Dass Sie 14 Angebote zu einem Katzenkratzbaum am Bildschirm haben, obwohl Sie doch nur zwei herzige Katzenvideos angesehen haben, wird sie ja nicht mehr wundern. Aber wir müssen nicht alles immer negativ sehen.

Die immer noch kleiner gebauten Geräte haben eine Revolution ausgelöst und viele Probleme gelöst. Stellen Sie sich vor, es hätte während der Pandemie keine Mobiltelefone gegeben. Die ohnehin schon schlimme Vereinsamung vieler Menschen hätte noch ganz andere Ausmaße angenommen. Wie hätten Rettungsketten und Alarmsysteme funktioniert, in welcher Form hätten Unternehmen Kontakt mit ihren Mitarbeiterinnen gehalten? So konnten sie wischen. Wischen is possible.

AFFENZAHN

Bernhard ist ein beeindruckend großer Mann. Doch im Tierreich genügt die schiere Größe oft nicht, wesentlich kleinere Gegner können einem trotzdem das Leben sehr schwer machen.

Wir sind gerade in Manaus in Brasilien angekommen. Vor längeren Expeditionen und Dreharbeiten plant man immer ein, zwei Tage ein, um sich zu akklimatisieren und auch, um Equipment unter den örtlichen klimatischen Bedingungen zu testen. Dann kann man einigermaßen sicher sein, dass es auch die nächsten Wochen gut funktionieren wird. Manaus ist sozusagen das Eingangstor in den brasilianischen Regenwald. Wir mieten ein Touristenboot, ein Biologe begleitet uns.

Was sich rund um die Dschungelmetropole abspielt, ist nichts, was man in Tier-Dokumentationen oder Wissenschafts-Reportagen gebrauchen könnte. Alle zwanzig, dreißig Meter begegnen wir Einheimischen mit Tieren auf Booten. Eine Frau bietet ein Foto mit einem bedauernswerten Faultier an, ein kleiner Junge hat ein Totenkopfäffchen an einer Leine und will mit Aufnahmen davon Geld verdienen. Schlangen und Papageien werden uns entgegengestreckt, es ist ein schwimmender Wanderzirkus, der einen traurig stimmt. Den Menschen mag man es nicht verübeln, sie sind sichtbar arm und hoffen auf ein bisschen Einkommen. Die Tiere sind mehr als bedauernswert.

„Es ist nicht auszurotten, zu viele Touristen machen bei dem Schwachsinn mit", sagt uns der Biologe. Wir steuern das Ufer eines kleinen Nebenflusses des Amazonas an. Auch hier sehen wir, dass der Tourismus blüht, der Landesteg ist gut ausgebaut, Schilder weisen den Weg zu allen möglichen Attraktionen. Die interessieren uns weniger, aber wir können testen, wie sich die Kamera mit den Temperaturen und der Luftfeuchtigkeit verträgt, und auch, wie wir unter diesen Bedingungen mit den Geräten zurande kommen. Am Landesteg angekommen, beginnen wir, die Kisten aus dem Boot auszuladen und öffnen die Deckel, um so das Material zunächst einmal dem Mikroklima auszusetzen. Wir bemerken schnell, dass uns eine große Gruppe Kapuzineraffen neugierig beobachtet.

Die Affen haben ganz offensichtlich wenig Scheu, kein Wunder, sind doch hier tagaus tagein Touristen unterwegs. Uns ist bekannt, dass Kapuzineraffen zu den raffinierten und cleveren Affenarten gehören.

Nachdem wir ohnedies einige Minuten warten müssen, bis das Equipment akklimatisiert ist, widmen wir uns den Affen. Als ich eine knisternde Chips-Packung aus einer Tasche hole, geht ein Ruck durch die Gruppe. Die Köpfe recken sich uns synchron entgegen, wie jene einer Zuschauermenge, die den Ballwechsel bei einem Tennis-Match verfolgt.

Wir machen ein Spiel daraus und reichen die Packung unter lautem Rascheln reihum. Die Affenköpfe folgen wie an einer Schnur gezogen. Da löst sich einer aus der Gruppe und hopst bis auf wenige Meter an uns heran. Wir beobachten ihn genau. Plötzlich schießt er auf uns zu und will mir die Chips entreißen. Der Biologe ist reaktionsschnell und springt auf, der Affe zurück. Da höre ich hinter mir ein Geräusch.

Als ich mich umdrehe, sehe ich, dass ein zweiter Kapuzineraffe in einer unserer Taschen wühlt. Der ist uns beim Scheinangriff des ersten entgangen. Ich schreie ihn an, aber schon enteilt er mit einer kleinen Keksrolle in den Pfoten. Zehn Meter entfernt versammelt sich die Affengruppe, um die Kekse zu inspizieren. Schnell haben sie mit ihren scharfen Zähnen die Packung aufgerissen und beginnen zu fressen, nicht ohne alle paar Sekunden kontrollierend zu uns herüberzublicken. Ab jetzt sind wir gewarnt. Das ist organisierte Kriminalität!

Wir beschließen, Geräte und Taschen auf einen Platz zu legen, den einer von uns permanent bewachen wird. Die Affen lagern lässig dort, wo der Steg in den Waldboden übergeht, einer zieht sich genüsslich das Verpackungspapier der Kekse durchs Maul, es waren wohl noch Schokoladenreste darauf. Dann sehe ich, wie einer neugierig in eine Plastikverpackung lugt – es sind die Chips von vorhin. Wie sind sie an die gekommen? Niemand hat etwas bemerkt.

Ich habe verschiedene Affenarten kennengelernt und wusste deshalb, dass man auf der Hut sein muss. „Affenartige Geschwindigkeit" ist nicht umsonst ein bekannter Begriff. Wer gesehen hat, wie diese Strolche in Indien oder auf Gibraltar Touristinnen Handtaschen entreißen, unvermittelt nach Mobiltelefonen und anderem greifen, der ist gewarnt. Sind es größere Gruppen, wird es immer schwieriger. Man könnte den Eindruck gewinnen, sie haben eigene Gaunerschulen, in denen sie ausgebildet werden. Wie bei einem guten Magier ist auch hier oft die Devise: Die Aufmerksamkeit auf sich ziehen, damit unerkannt anderes passiert. Einer lenkt ab, einer greift zu. So machen es ja auch Taschendiebe.

Kamera und Stativ geschultert gehen wir in Richtung Waldsaum. Mit mürrischem Geraunze ziehen sich die Affen zurück. Am Steg bewacht der Biologe unser Gepäck.

„Ihr habt gesehen, die sind aggressiv, beißen werden sie euch nicht, aber achtet auf alles", warnt er uns.

Klar, machen wir. Kameramann Christian, Tonmann Bernhard und ich betreten den Wald. Es sind ausgetretene Touristenpfade, aber was soll es, wir machen Filmversuche. Die bunten Farben der Pflanzen sind perfekt, um die Leistung der Kamera zu testen. Es funktioniert alles bestens. Bei einer besonders hübschen Blüte bleibt Christian stehen.

„Gib mir das andere Objektiv, da komm ich mit dem nicht weiter." Bernhard nimmt die lange Brennweite entgegen und tauscht sie gegen ein Makro-Objektiv. Dann höre ich nur noch Geschrei. Für einen Moment haben wir die Tasche mit den optischen Aufsätzen nicht im Auge gehabt und jetzt rennt ein Kapuzineraffe mit einem Objektiv davon. Wir schreien, die Affen kreischen, Bernhard mit seinen fast zwei Metern Körpergröße hetzt dem Dieb nach. Der kann nicht wirklich schnell laufen, weil er mit einer Pfote das nicht ganz leichte Objektiv an seinen Oberkörper presst.

Als er bemerkt, dass so die Flucht nicht gelingen kann, dreht er sich um und fletscht die Zähne. Bernhard bleibt stehen und ich denk, mich laust der Affe. Der aber beäugt das Objektiv, dreht es in seinen

Pfoten, blickt einmal durch wie ein Astronom, dann wirft er es achtlos zu Boden und haut ab. Ist ja doch nichts zu fressen. Wir sprinten hin und reißen das Objektiv an uns, als hätten wir etwas gestohlen und würden jetzt damit flüchten.

Die Kontrolle ergibt: Beschädigt ist es nicht, wir haben Glück gehabt. Wenn der behaarte Trickdieb wüsste, dass er das teuerste Affenspielzeug aller Zeiten verachtete. Erleichtert verstauen wir die Objektive in der Tasche, ziehen den Reißverschluss ganz fest zu. Genug gedreht, beschließen wir. Und genug Nerven verloren. Wir schlendern möglichst gelassen zum Steg.

„Schon zurück?", fragt der Biologe. „Was war das für ein Geschrei gerade?"

„Ach, die Affen haben sich ein bisschen aufgeführt."

Sehe ich da ein leicht spöttisches Lächeln? Ok, Diego, wenn du das liest: Sie hätten uns um ein Haar ein sauteures Objektiv geklaut.

DER STIER MIT DEM GRÜNEN KOPF

Es ist Mitternacht, als es an meiner Hotelzimmertür klopft. Draußen steht mein Kamerateam.

„Hast du kurz Zeit? Wir haben ein Problem."

Das bedeutet nichts Gutes. Ich überlege. Den ganzen Tag über haben wir in einem holländischen Forschungsinstitut gedreht. Wichtigster Punkt war ein Stier namens Herman, dessen Erbgut künstlich verändert worden war, also Genmanipulation.

Die Idee der Forscher war gewesen, Herman ein menschliches Gen zu implantieren, durch das seine weiblichen Nachkommen Milch produzieren würden, die menschlicher Muttermilch möglichst ähnlich wäre. Wenn das gelänge, könnten Kühe mehr oder weniger Babynahrung liefern. Ein Milliardengeschäft.

Das Experiment war hochumstritten, Tierschützer liefen Sturm dagegen, auch einige Forscherinnen hatten sich kritisch geäußert. Nach wochenlangen Bemühungen hatte ich endlich eine Drehgenehmigung – bei solchen Versuchen ist sie schwer zu bekommen. Die Beteiligten wissen natürlich, dass ein mediales Echo die Proteste noch einmal größer machen kann.

Ich hatte mich mit jenem Wissenschafter getroffen, der die Sache entwickelt hatte. Sein Vorname war Herman, darum hieß auch der Stier so. Er war sehr zugänglich und hinterfragte auch seine eigenen Überlegungen. Schlussendlich war er selbst ein Skeptiker der Methode geworden, die von einem Unternehmen weiter vorangetrieben wurde.

„Ich lasse mir noch einreden, dass man Versuche mit Mäusen macht, aber bei einem Rind müssen doch andere Standards gelten", erzählt er mir im Vorgarten seines Hauses in Holland.

Ich hatte zu dem Zeitpunkt schon Dokumentationen zum Thema Gentechnik gestaltet. Immer wieder hatte ich dabei erlebt, das Wissenschafterinnen und Forscher in ein Dilemma geraten waren. Von der Idee an sich, über Gentechnik Verbesserungen zu schaffen und zum Beispiel langwierige Züchtungsversuche abzukürzen, waren sie alle überzeugt. Nicht selten waren es aber dann Konzerne und große Firmen, die sich von den Methoden vor allem eines erhofften: Profit. Dem wurde oft alles untergeordnet. Ab diesem Zeitpunkt begannen Forschergruppen nachzudenken, ob das Ganze jetzt wirklich noch dem wissenschaftlichen Fortschritt diente oder einfach ein großes Geschäftsfeld werden sollte. Bei den Versuchen mit dem Stier Herman war genau so etwas passiert.

In einem Stall bei Leiden in Holland steht er dann vor uns, der Prototyp einer hochumstrittenen Genforschung. Ein altes Radio gibt plärrend eine holländische Morgenshow wieder. Ohne das Menschengeplapper fühle sich der Stier einsam, sagt mir der Stallmeister. Liegt es an dem Menschen-Gen, das sie ihm eingepflanzt haben? Herman wirkt teilnahmslos, stumpf blickt er vor sich hin.

Die Pharmafirma, die das Projekt betreibt, sagt, es sei von Anfang an darum gegangen, medizinische Produkte zu entwickeln. Dem widerspricht der wissenschaftliche Erfinder von Herman.

„Nein, sicher nicht. Es ging um Babynahrung. Das war die Idee. Aber von mir wollten sie nur die Expertise. Ich komme vom Land, ich weiß, wie man mit Tieren umgeht. Was ich als Mensch, als Bauernsohn zu sagen hatte, war denen aber egal."

Zu diesem Zeitpunkt galt das Projekt schon als mehr oder minder gescheitert. Die Nachkommen von Herman lieferten nicht das Erwartete. Jene Forscher, die das Mischwesen Herman geschaffen hatten, wurden nachdenklich. Sie hatten Zweifel, ob das noch sinnvoll weitergeführt werden könnte. Hatte man diese genetisch modifizierte Chimäre also umsonst geschaffen? Und vor allem: Wusste man überhaupt, welche Folgen es haben könnte?

Das Argument für Forschungen dieser Art ist sehr oft, dass man das Wissen für die Transplantationsmedizin nutzen könne. Xenotransplantationen, etwa das Einsetzen von Schweineherzen in Menschen, sorgen immer wieder für Schlagzeilen. Die medizinische Sensation, die dann rund um den Globus gefeiert wird, lässt aber fast immer außer Acht, wie viele Fehlschläge vor dem großen Coup passiert sind.

Es ist vollkommen klar, dass die Forschung viel probieren muss, um schlussendlich das gewünschte Ergebnis zu erzielen. Genau das sollte man aber in diesen Fällen einfach dazusagen. Vor allem, wenn damit Leid von Mensch und Tier verbunden ist. Ethikkommissionen wurden genau zu dem Zweck eingerichtet, Grenzen zu ziehen. Was nehmen wir in Kauf, um zu einer neuen Therapie zu kommen, wie viele Leben riskieren wir für eine potenziell vielversprechende Operationsmethode? Wenn das in Kommissionen heiß debattiert wird, sollte die Öffentlichkeit ein Recht darauf haben, davon zu erfahren. Nicht um Forschung zu verhindern, sondern um Vertrauen zu schaffen.

Am meisten Vertrauen wird zerstört, wenn Menschen erst über Umwege erfahren, was im Vorfeld alles schiefgelaufen ist. Sehr oft erfahren wir Journalisten es von beteiligten Wissenschaftern, die Bedenken haben und diese nicht unter den Tisch gekehrt wissen wollen. Wie oft Dinge in Ansätzen scheitern, und das auf Kosten von Lebewesen, zeigt das Projekt Herman eindrucksvoll.

Eine spannende Forschungsgeschichte war es in jedem Fall, denn Journalismus ist ja auch dazu da, Konfliktfelder aufzuzeigen und zu thematisieren. Deshalb war der Stier Herman ein wichtiges Beispiel, das ich zeigen wollte. Die mühevollen Recherchen hatten sich gelohnt. Wir hatten Interviews mit Vertretern jener Firma, die das Ganze wirtschaftlich vorantrieb. Wir hatten den wissenschaftlichen Leiter des Projekts, der mittlerweile zum Kritiker und Gegner des umstrittenen Gen-Experiments geworden war. Und vor allem: Wir hatten Herman, den Stier. Das Problem war nur: Herman hatte plötzlich einen grünen Kopf. Das Kamerateam führte mich in ein Hotelzimmer, wo ein Monitor stand, daneben der Rekorder der Videoaufnahmen. Ich sah es auf den ersten Blick. Der Stier war grün im Gesicht, der massive Schädel, den ich weiß in Erinnerung hatte, schimmerte wie ein Algenteppich. Nein, das waren keine Auswirkungen der Gentechnik, da musste das Problem woanders liegen.

„Bei der Kamera ist leider ein Phasenkabel gebrochen, deshalb ist der Rotanteil weg und weiß ist nicht mehr weiß, sondern grün“, klärt mich der Kameramann auf. Das war jetzt eher schlecht. Nachdem ich nach vielen Wochen und sehr viel Schweiß endlich eine Drehgenehmigung bekommen hatte, machten sie aus Herman einen Grünling.

Den Dreh zu wiederholen, war aus mehreren Gründen unmöglich. Weder hatten wir die Zeit dafür, noch würde das ohnehin schon skeptische Unternehmen uns noch einmal in den Stall lassen. So fuhren wir also mit einem farbenfrohen Stier im Gepäck nach Hause und ich ärgerte mich so grün und blau wie Herman war.

Die Sache kam noch zu einem guten Ende, weil wir im ORF hervorragende Techniker haben, die für fast alles eine Lösung finden. Nach einigen Scherzen über die „grüne Gentechnik“ und ihre Folgen machten sich die Profis ans Werk. Ganz originalgetreu brachten sie den Bullen nicht mehr hin, aber nach einigen Farbkorrekturen und „colour-grading“ konnte Herman zumindest so auf Sendung gehen, dass nicht jeder Zuschauerin als Erstes einfiel: „Ist dem schlecht?“

FERNÖSTLICHER SCHLAFRÄUBER

Es ist zwei Uhr früh und an Schlaf ist nicht zu denken. Seit Stunden wälze ich mich von einer Seite auf die andere, Millionen Schafe sind durchgezählt, aber ich kriege kein Auge zu. Diese riesige Stadt Tokio steht ohnedies niemals still, denke ich und beschließe, das Hotel in der japanischen Hauptstadt für einen Spaziergang zu verlassen. Ob es in dieser Metropole frische Luft gibt, weiß ich nicht, aber Bewegung wird nicht schaden. Als ich die Tür meines Zimmers öffne, steht mein Kameramann Christian vor mir.

„Kannst du auch nicht schlafen?" Nicht die Spur.

Tonassistent Bernhard hat das Rumoren mitbekommen und steht auch schon hellwach da. Wir beschließen, einen gemeinsamen nächtlichen Ausflug zu machen. Am Ende landen wir in einem Billardlokal, das rund um die Uhr geöffnet hat.

Unerklärlich ist uns, warum wir dermaßen aufgedreht und munter sind. Den ganzen Tag waren wir für Dreharbeiten unterwegs, haben Equipment geschleppt und kaum einmal Pause gemacht. In Japan sind wir schon länger, die Zeitumstellung kann es also nicht sein. Vollmond ist auch keiner – aber an seine schlafraubende Wirkung würden wir ohnedies nicht glauben.

Wir besprechen den Tag. Mit dem berühmten Schnellzug Shinkansen sind wir in der Früh nach Shizuoka gefahren, um dort im nationalen Teeforschungsinstitut zu filmen. Malerische Landschaft, wunderschöne Teefelder. Aufgekratzt sind wir aber, als hätten wir drei Tage mit weißen Haien gedreht. Die Forscherinnen im Institut waren unglaublich freundlich und nett, Frau Yamamoto, die Leiterin, hat uns diesen wunderbaren Grünen Tee serviert. Oh! Grüner Tee! Langsam dämmert uns, obwohl wir hellwach sind, was geschehen ist.

„Das wird euch Kraft für den Tag geben", hat Frau Yamamoto gesagt. Dass es auch für die Nacht reichen würde, war uns nicht bewusst.

Shizuoka ist die „Hauptstadt des Grünen Tees", wie sie in Japan gerne genannt wird, vierzig Prozent des japanischen Bedarfs wächst hier. Seit 1241 wird in der Region Tee kultiviert, meist auf Berghängen oder an Flüssen, Vulkanerde sorgt für gutes Wachstum.

Die lokalen Produzenten preisen das Getränk als wahren Zaubertrank an. Gegen krankhafte Zellveränderungen sei er gut, damit auch ein vorbeugendes Mittel gegen Krebs; er unterstützt demnach außerdem beim Abnehmen, hilft dem Herz, seine Pumpleistung zu erhalten, verhindert frühzeitige Demenz und reguliert den Blutzucker. Bei solcherart ausgeschilderten Wundermitteln muss ein Journalist skeptisch werden – in der Medizin werden vermeintliche Allheilmittel immer kritisch beäugt. Dass eines der Nationalgetränke bei Japanern hoch im Kurs steht, ist verständlich, in Restaurants und Bars ist der Grüne Tee allgegenwärtig.

Auf den Plantagen im nationalen Teeforschungsinstitut Shizuoka sehen wir Tausende kleine Windräder, die sich an der Spitze von hohen Masten drehen. Nein, das sind keine Windräder, werden wir aufgeklärt. Es sind Ventilatoren, die sich Tag und Nacht bewegen. Sie verhindern, dass die warme Luft von den Teepflanzen aufsteigt, die Temperatur soll möglichst nie unter 10 Grad plus fallen, dann gedeihen die Pflanzen am besten.

Die merkwürdige Landschaft aus Teepflanzen, Strommasten, Leitungen und Generatoren ist ein Sinnbild für den Schnittpunkt zwischen Tradition und Moderne. Hier wird versucht, verschiedene Sorten für verschiedene Anwendungen zu züchten. Zum Beispiel einen Muntermacher mit sehr viel Koffein. Den hatten wir ausgefasst.

Im Mittelpunkt der Forschung steht aber Katechin, ein Pflanzenstoff, der nachweislich entzündungshemmend ist und Schäden an Zellen verhindert. Aber, das haben Schweizer Wissenschafter der ETH Zürich nachgewiesen, zu viel davon bewirkt das Gegenteil. Kurzfristig wird das Immunsystem angekurbelt, weil das Katechin den Körper unter Stress setzt. Ein ähnliches Wirkprinzip wie bei einer Impfung. Das ist gut. Erhöht man aber die Dosis, schadet der ausgelöste Stress dem Organismus.

Klare Empfehlung der Forscher: Eine Tasse Grüner Tee jeden Tag ist durchaus empfehlenswert. Finger weg aber von Konzentraten oder Extrakten. Ab einer gewissen Konzentration wird es zum Gift für den Körper.

Nichtsdestotrotz wird der Markt überschwemmt mit Produkten, in denen Grüner Tee enthalten ist, in welcher Dosierung auch immer. „Viel hilft viel" ist hier genau der falsche Weg. Das weiß man auch im japanischen Gesundheitsministerium. Seit Anfang der 1990er-Jahre werden vom Ministerium Zertifikate vergeben, die Konsumenten darüber aufklären, ob ein Produkt das hält, was eine Firma verspricht. Ein eigenes Gütesiegel wurde dafür entwickelt, das auf Verpackungen aufgedruckt wird. Beamte des Ministeriums sprechen ganz offen darüber, dass sie den Angaben der Hersteller „leider nicht mehr glauben" können. In vielen Laboranalysen haben sich sogenannte „funktionale" Lebensmittel als Schwindel herausgestellt. Das Einzige, was funktionierte, war die Geldmacherei.

In westlichen Ländern haben Produkte aus Fernost noch zusätzlich den Nimbus, besonders gesund zu sein. Dazu zählen auch die Legenden über die vielen Hundertjährigen auf Okinawa, einer Inselgruppe im Süden Japans. Einer Überprüfung hält auch das nicht stand.

„Natürlich erzählen das alle!", sagt mir ein Lokalpolitiker auf Ishigaki, einer Insel in der Provinz Okinawa. „Aber es stimmt so einfach nicht."

Bei einer Fahrt durch ein Fischerdorf lacht er über die Mythen, die sich im Internet ausgebreitet haben.

„Unser Problem sind die Amerikaner, die den Lebensstil der Menschen hier verändert haben. Schau mich an!" Ja, Sensei trägt wirklich einiges an Übergewicht durch die japanische Provinz. Seinen Befund stützt eine Untersuchung der japanischen Regierung, die schon 2010 auf Ungereimtheiten stieß. Das ernüchternde Ergebnis: Von 230.000 Japanern, die angeblich über hundert Jahre alt waren, fehlte jede Spur. 884 waren angeblich über 150 Jahre alt. Der Grund ist, dass Geburten- und Sterbestatistik mehr als lückenhaft geführt wurden. Hunderttausende Japaner haben keine Geburtsurkunde. Dazu zählte auch der bei seinem Auffinden älteste Japaner, der längst nicht mehr lebte – seine Tochter hatte dreißig Jahre lang die Rente für ihren toten Vater kassiert. Sie wurde noch übertroffen von einer 86-Jährigen, die fünfzig Jahre lang die Pensionen ihrer toten Eltern eingesteckt hatte. Einem Mitarbeiter der Pensionsanstalt war aufgefallen, dass die Eltern 110 und 112 Jahre alt sein müssten.

Für das statistische Schlamassel kann die japanische Bevölkerung nichts. Die Lebenserwartung der Japaner zählt zu den höchsten der Welt. Fisch und Meeresfrüchte sind gesund und köstlich. Wenn Sie davor Grünen Tee von Frau Yamamoto trinken, können Sie Tag und Nacht essen. Denn Schlaf werden Sie keinen finden.

SARKOPHAG IM SONDER-ANGEBOT

An einem lauen Sommerabend sitze ich mit Archäologen in einem Garten bei Ephesos. Seit vielen Jahrzehnten sind hier österreichische Wissenschafter mit Grabungen beschäftigt, die Leben und Alltag im Römischen Reich nachvollziehbar machen.

Eine unglaubliche Geschichte macht die Runde: Wissenschafter hatten auf der Versteigerungsplattform eBay einen Sarkophag, der zum Verkauf angeboten wurde, entdeckt. Inklusive der darin enthaltenen Knochen. Grabräuber wollten damit ein Geschäft machen. Doch die kriminellen Verkäufer begingen einen schweren Fehler: Sie verrieten zu viel über ihren Standort. Auf dem Gelände des ehemaligen Hafens von Ephesos wurde der Sarkophag beschlagnahmt.

Jetzt begann die Arbeit der Archäologen. Im steinernen Sarg fanden sie einen Schädel, der eindeutig von einem Mann stammte. Er wurde offenbar mit einer Frau und einem Kind bestattet. Gelebt hat der Mann zu Beginn des 3. Jahrhunderts, finden die Experten heraus. Mit Spezialprogrammen wird jedes Detail des Skelettes erfasst. Was die Forscher besonders neugierig macht: Auf dem Sarkophag ist ein Relief – kann es sein, dass der verstorbene Römer zu Lebzeiten so aussah wie dieses steinerne Gesicht?

Für die Beweisführung brauchen die Forscher moderne Geräte aus der Medizin. Am Sozialmedizinischen Zentrum Ost in Wien steht ein Computertomograf – der könnte helfen. Im Spital haben die Ärzte Erfahrung mit jungen und auch alten Patienten – so alt war aber mit Sicherheit noch keiner. Der Schädel des alten Römers soll bis in das kleinste Detail vermessen werden.

Bei der Eingabe in den Patientencomputer kommt es zu Problemen: Das Geburtsjahr 310 will dem System nicht gefallen. Zwar erhalten die Mediziner viele Menschen lang am Leben – aber da passt etwas nicht. Der Römer bekommt ein späteres Geburtsdatum und die Untersuchung beginnt. Die Spannung steigt.

Eine Augenhöhle liegt etwas tiefer – das stimmt mit der Abbildung auf dem Sarg überein. Schicht für Schicht wird berechnet und in ein 3D-Modell umgerechnet. Immer deutlicher zeichnen sich die Konturen ab. Mediziner und Archäologen sehen sich staunend an. Auf einem großen Bildschirm legen sie die Bilder übereinander: Bis ins Detail ist das der Mann, der auf dem Sarg dargestellt ist.

Später werden sie auch noch seine Gesichtszüge rekonstruieren. Dann kann der steinerne Zeuge virtuell lachen und sprechen. Genaueres über den Römer verraten seine Zähne. Unter dem Mikroskop sind auf der Zahnoberfläche so etwas wie Jahresringe zu erkennen, ähnlich wie bei Bäumen. So wissen die Archäologen, dass er knapp über fünfzig Jahre alt geworden ist. Auffällig ist: Er muss – wahrscheinlich nachts – stark mit den Zähnen geknirscht haben, die hinteren Backenzähne sind stark abgenutzt. Hunger gelitten hat er ganz offensichtlich nie – Mangelernährung hätte zu Unförmigkeiten in der Zahnoberfläche geführt.

Auch Furius Aptus hat gut gelebt. Die Archäologen haben sein Stadthaus ausgegraben. In einem Hanghaus in der Wohneinheit 6 wurden Inschriften gefunden, die ihn als Bewohner ausweisen. Der einflussreiche Römer residierte dort Anfang des 2. Jahrhunderts. Besucher aus der Neuzeit staunen über die Ausstattung in diesen Bauten: Auf 4000 Quadratmetern Wohnfläche gehörten Fußboden- und Wandheizung genauso zur Ausstattung wie ständig fließendes Wasser.

Mit Prunk wurde nicht gespart. Marmor war eines der wichtigsten Baumaterialien. Belüftet wurde das Haus über einen großen Innenhof, in den Säulenumgängen wurde gelesen und diskutiert. Einer der Besitzer des Hauses leitete Theaterspiele in der Stadt Ephesos, entsprechend wurde auf künstlerische Ausgestaltung Wert gelegt.

Besucher gelangten über marmorgepflasterte Empfangssäle in die Wohnräume, wo nicht nur der Kunst gehuldigt wurde. Legendäre Gelage wurden hier abgehalten, in Wandritzungen finden sich noch heute Beschreibungen der Qualitäten von Lustknaben. Bilder und Mosaike geben meist Aufschluss, welche Götter und Musen verehrt wurden.

In mühsamer Kleinarbeit wird die antike Luxuswohnung wiederhergestellt. Auch für geschulte Archäologen ist es immer wieder erstaunlich, mit welcher Präzision und Fertigkeit hier gearbeitet wurde. Ich stehe in der Wohnung eines Superreichen des Römischen Imperiums. Im Schachtbrunnen des Stadtpalastes plätschert heute noch Wasser in zehn Meter Tiefe – wie vor 2000 Jahren.

Ephesos, als Hauptstadt der römischen Provinz Asia zu Ansehen gekommen, lag am Meer. Doch die Menschen ernährten sich vorwiegend von Süßwasserfischen, wie Untersuchungen zeigen. Damit wird auch verständlich, warum in verschiedenen Wohnräumen immer wieder Fischabbildungen zu finden sind. Vermutlich wurden sie in Aquarien lebend gehalten, wie in heutigen Restaurants. Zander und Karpfen waren besonders häufig am Speiseplan. Die genauen Befunde von Zoologen machen es möglich, bis in die Kochtöpfe der Römer zu blicken.

In der Blütezeit lebten 250.000 Menschen in Ephesos. Österreichische Archäologen entdecken seit mehr als hundert Jahren immer wieder Sensationelles. Im Jahr 2024 legten sie ein Stadttor frei, das bereits im 3. Jahrhundert vor Christus errichtet wurde. Es war bekannt, dass drei Stadttore Ephesos abriegelten, zwei waren bereits gefunden worden, das sogenannte Koressostor war lange verschollen – die Grabung der Österreicher brachte es ans Tageslicht.

Stadttore waren immer empfindliche Schwachstellen in den Stadtmauern, aber auch wirtschaftlich wichtig. Hier wurden Zölle eingehoben, Baustoffe und Bauteile mussten hier vorbei, zum Beispiel riesige Säulen, die aus Steinbrüchen angeliefert wurden. Nur so ist zu erklären, wie die monumentalen Tempelanlagen und Wohnhäuser errichtet werden konnten. Daraus kann auch abgeleitet werden, wie Baustellen organisiert wurden und auf welchen Wegen die Großtransporte in die Stadt kamen. Außerhalb der Stadtmauern befand sich der Tempel von Artemis Ephesia, der Stadtgöttin. Anhand von Inschriften konnten Wissenschafter herausfinden, dass regelmäßig Prozessionen von der Stadt durch das gefundene Tor zum Tempel abgehalten wurden.

Archäologen in einem Garten in Ephesos zu lauschen, ist wie eine Zeitreise in das Römische Reich. Wenn ich mir das alles so vorstelle, dann kann ich nur bewundernd meinen Kindheitskumpel, meinen Comic-Helden Obelix, zitieren: „Die spinnen, die Römer!"

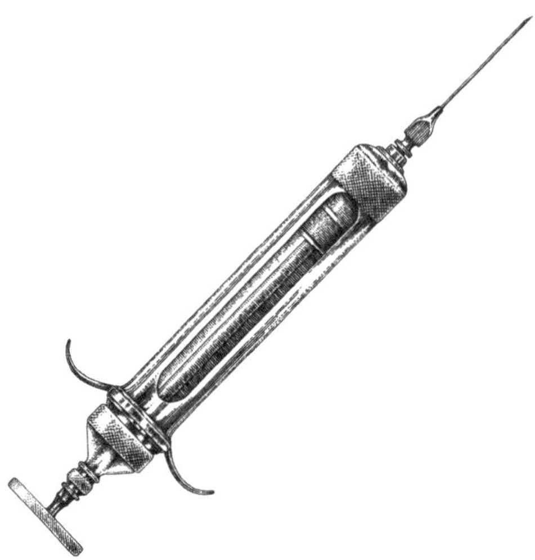

ICH BIN DANN MAL WEG – DIE SELBSTVERSUCHE DER ANÄSTHESISTEN

Ein bekannter Wiener Anästhesist erzählt mir bei einer Party von den Schwierigkeiten zu Beginn der modernen Narkosemedizin.

„Der Mayerhofer, das war einer vom alten Schlag, der hat das alles noch an sich ausprobiert."

Ich sehe ihn ungläubig an. „An sich selbst Narkosemittel ausprobiert, so wirklich?", frage ich.

„Ja genau, mit allem Drum und Dran!"

Nach mehreren Gesprächen mit Narkoseärztinnen und Notfallmedizinern, die das alle bestätigen, beginne ich, in den Medizinarchiven zu stöbern. Die Ärzte wissen natürlich, wovon sie reden: Otto Mayerhofer-Krammel war eine Legende. Ihn interessierte sehr früh, wie man es schaffen konnte, Menschen zu beatmen, ohne dass es zu unwillkürlichen Muskelkrämpfen kam.

Zu Beginn stand den Ärzten zum Lahmlegen von Muskelgruppen im Wesentlichen nur Curare zur Verfügung. Ein Pflanzengift, das indigene Völker in Südamerika bei der Pfeil-und-Bogen-Jagd auf Tiere bis heute einsetzen. Das Gift wird auf die Pfeilspitze aufgetragen. Hergestellt wird es aus den Blättern und Rinden verschiedener Lianenarten – die Rezepte sind meist gut gehütete Geheimnisse verschiedener Familien und Gruppen.

Auch aus Brechnüssen kann Curare hergestellt werden, das ist aber wesentlich problematischer, weil deutlich giftiger und damit viel schwieriger zu dosieren. Deshalb verwendeten studierte Mediziner lieber die Substanzen der Lianen, bekannt als „Tubocurare", weil es von den Indigenen des Amazonasbeckens in Bambusröhren aufbewahrt wird. Im Spanischen, das sich in Südamerika durchsetzte, bedeutet „Tubo" nichts anderes als „Röhre" oder „Rohr". Es waren zwei kanadische Mediziner, die das Pfeilgift in der modernen Medizin etablierten: der kanadische Arzt Harold Griffith und seine Kollegin Enid Johnson. Curare war das einzige muskellähmende Mittel, das Ende der 1940er-, Anfang der 1950er-Jahre in den Operationssälen zur Verfügung stand.

Wie so oft in der Forschung, spielte der Zufall eine entscheidende Rolle: Otto Mayerhofer stieß bei seiner Suche nach einem Ersatzmittel auf die Stickstoffwerke Linz, die damals an verschiedenen Substanzen forschten – später wurde das Werk als „Chemie Linz“ bekannt. Chemiker des Unternehmens waren auf die seltsame Wirkung einer chemischen Verbindung namens Succinylcholin gestoßen: Es lähmte Versuchstiere über mehrere Minuten, dann ließ die Wirkung wieder nach. Als Mayerhofer und sein Team davon erfuhren, lautete die Devise: „Her mit dem Zeug!“

Dann begann eine Versuchsreihe, die dem Drehbuch eines Horrorfilms entstammen könnte: Die Mediziner probierten das neue Mittel an sich selbst aus. In einem Gespräch mit einem Kollegen erinnerte sich Mayerhofer später: „Im Dreierteam versuchten wir, jene Substanz herauszufiltern, die sich am besten für unsere Zwecke eignete. Außerdem mussten wir die geeignete Dosis finden und klinisch erproben. Einer von uns dreien war das Versuchskaninchen, einer hatte die Aufgabe, dieses mittels Beatmung am Leben zu erhalten, der Dritte kontrollierte die Vitalwerte und protokollierte.“

Weder kannten die drei mögliche Nebenwirkungen auf den menschlichen Organismus, noch konnten sie anfangs voraussehen, wie lange sie sich gegenseitig in ein unbekanntes Land der Träume schicken würden.

„Ich bin dann mal weg“ hatte da eine ganz andere Bedeutung als heute, wenn Menschen unter diesem Motto Pilgerwege beschreiten – dieser Weg der Anästhesisten war wesentlich steiniger und gefährlicher. Nachdem sie sich über Monate in schöner Regelmäßigkeit gegenseitig ausgeknockt hatten, veröffentlichten die drei Mediziner ihre Grenzerfahrungen in der *Wiener Medizinischen Wochenschrift* unter dem lapidaren Titel: „Kurz wirkende Muskelerschlaffungsmittel – Selbstversuche und klinische Erprobung am narkotisierten Menschen“. Die Fachwelt war begeistert, das mutige Wiener Dream-Team hatte die Medizin revolutioniert.

Ein anderes Mittel, das in der Lokalanästhesie im 19. Jahrhundert gerne verwendet wurde, steht heute unter Strafe: Kokain. Der deutsche Chemiker Albert Niemann hatte 1860 in seiner Dissertation an der Universität Göttingen darüber berichtet, wie er Kokain aus den Blättern des Kokastrauches gewonnen hatte. Als er es auf Mundschleimhäute strich, zeigte sich eine betäubende Wirkung.

Wieder war es ein Wiener Arzt, der mit Selbstversuchen begann, diese Wirkung zu untersuchen. Der Augenarzt Carl Koller testete es während seiner Tätigkeit am Allgemeinen Krankenhaus Wien an Tieren und an sich selbst. Gerade Eingriffe an den Augen waren zu dieser Zeit wegen der Reflexe und des unwillkürlichen Zuckens der Patienten schwierig. 1884 setzte Koller Kokain erstmals bei einer Augenoperation ein. Es funktionierte gut, 1885 wurde der erste Zahn unter Kokain-Narkose gezogen.

Schnell setzte sich das Mittel durch und fand breite Verwendung. Leider auch bei den Ärzten selbst. Noch heute berichten mir Anästhesisten immer wieder scherzend, die besten Konsumenten seien irgendwann die Mediziner gewesen. Den Tipp mit dem weißen Stoff hatte der Wiener Augenarzt Carl Koller übrigens von einem erhalten, der selbst dem Kokain verfallen war: Sigmund Freud. Für den war es ein großes Ärgernis, dass ihm „nur fünf Prozent der Ehre“ verblieben seien. Später wurde ihm bewusst, dass er mit seiner Begeisterung für die Droge die erste Kokainwelle in Europa ausgelöst hatte.

An der Anästhesie im Wiener Allgemeinen Krankenhaus wurden auch danach Verfahren entwickelt, die weltweit Beachtung fanden und finden. Dass man Nerven mit Ultraschall sichtbar machen kann, haben Ärzte in Wien herausgefunden, die Regionalanästhesie ist so in neue Dimensionen vorgestoßen.

„Daran hat niemand geglaubt, bis wir bewiesen haben, dass es geht“, erzählt mir Peter Marhofer, einer der Nachfolger des legendären Otto Mayerhofer.

Wer einmal miterlebt hat, mit welcher Präzision Gliedmaßen von Kleinkindern schmerzfrei gemacht werden, wie frühgeborene Kinder bei lokaler Betäubung operiert werden, der hat eine Vorstellung davon, welche riesigen Fortschritte gemacht wurden.

Der spektakuläre Durchbruch in den 1950er-Jahren hatte einen großen Anteil daran. Ohne die selbstlosen Einsätze von drei Ärzten wäre es wohl anders gelaufen. Mit dem Medikament Lysthenon machte die Chemie Linz satte Gewinne – es blieb über viele Jahre das Standardpräparat für das Intubieren von Patienten.

Otto Mayerhofer und seine Kollegen, die es in den Selbstversuchen getestet hatten, verdienten nichts daran. Geschadet haben ihm die Selbstexperimente offenbar ganz und gar nicht: Der große Pionier der Anästhesie starb im Juni 2024 im biblischen Alter von 104 Jahren. Bis zum Schluss blieb er seinem Fach verpflichtet und verfolgte die Entwicklungen in seiner Disziplin. Einer seiner begeisterten Nachfolger in seinem Fach sagt mir augenzwinkernd: „Naja, 104, wenn wir jetzt rechnen, wie viel Zeit der Otto aufgrund verschiedener Substanzen gar nicht bewusst anwesend war – wie alt war er wirklich?“

BÖSE PIRANHAS! – BILLIGE ZAHNHYGIENE

Wir sitzen an einem Nebenfluss des Amazonas und angeln. Neben mir drei Einheimische und mein Freund Claus, ein Deutscher, der in Rio aufgewachsen ist und deshalb perfekt Portugiesisch spricht. Es ist schwül und heiß. Deshalb haben wir die Beine bis zu den Knien im Wasser. Immer wieder höre ich meine Anglerkollegen kichern und das Wort „Piranhas!“ rufen.

„Die sagen, dass deine weißen Beine den Piranhas besonders gut schmecken!“, sagt Claus. Natürlich mime ich den Erschrockenen und ziehe die Beine aus dem Wasser. Allgemeines Gelächter. Vorsichtig stecke ich die Zehen wieder in den Fluss. Wir fangen verschiedene Fische, einige behalten sich die jungen Männer, andere lösen sie vom Haken und werfen sie zurück ins Wasser.

Plötzlich ruft einer laut: „Piranha!“ Tatsächlich hebt er einen bulligen Fisch aus dem Wasser, der offensichtlich scharfe Zähne hat. Viel Federlesens machen sie trotzdem nicht um ihn, wenige Sekunden später liegt er nach einem gezielten Schlag auf den Kopf regungslos am Ufer. Die Bestie ist besiegt. Jetzt zeigen mir die Angelsportsfreunde seine Zähne. Wir werden noch einige davon fangen an diesem Tag. Und essen.

Piranhas schmecken gut, ihr weißes, festes Fleisch eignet sich gut zum Grillen und Braten. Das Gebiss aber, das wird durch Kochen vom Fleisch befreit und landet auf Souvenirmärkten. Bis in die letzte Amazonas-Siedlung hat sich herumgesprochen, dass Touristen diese Kiefer mit den scharfen Zähnen gerne kaufen, um zu Hause die Legende von den bösen Killer-Piranhas fortzuschreiben.

Es gibt mehrere Theorien, wie es dazu kam. Nicht ganz unschlüssig: Die Bewohner des Amazonas sind immer wieder mit Hochwasser konfrontiert – oft über Wochen. Sie können dann nicht, wie sonst üblich – ihre Toten in der Erde bestatten. Deshalb kam man auf die

Idee, die Toten in die Flüsse zu geben. Dort werden sie von Piranhas – nicht nur von ihnen – bis auf die Knochen abgenagt. Diese Knochen werden dann zu einem späteren Zeitpunkt bestattet. Klar ist auch: Wenn Piranhas Blut im Wasser wittern, werden sie nachgewiesenermaßen aggressiver. Wirklich gefährlich wird das aber nur dann, wenn es ein großer Schwarm mit erwachsenen Tieren ist. Angriffe auf Menschen sind nicht wirklich überliefert.

Zur Mythenbildung hat auch einer beigetragen, von dem der kuschelige Teddybär seinen Namen hat: Theodor Roosevelt. Der wohlmeinenden Geschichtsschreibung nach hat Roosevelt bei einer Jagd den Schuss auf junge Bären verweigert, weshalb eines der beliebtesten Kinderspielzeuge der Erde, abgeleitet von Theodor, den Namen Teddy-Bär verpasst bekam. Roosevelt war es auch, der nach einer Südamerika-Reise zurückkam und erklärte, Piranhas seien „die gefährlichsten Fische des Planeten". Garniert waren seine vorgeblichen Erinnerungen mit der Schilderung von in den Fluss gefallenen Pferden, die von den gefräßigen Tieren blitzschnell in Stücke gerissen worden seien. Genaueren Recherchen hält die abenteuerliche Schilderung nicht stand – Roosevelt musste sie später auch relativieren. Boulevardmedien griffen die Sensation vom gefräßigen, menschenfeindlichen Piranha immer wieder mit Begeisterung auf.

Der bekannte deutsche Aufdecker-Journalist Günter Wallraff erlebte die lüsterne Presse am eigenen Leib, als er sich als Redakteur in das deutsche Massenblatt *BILD* einschleuste. In seinem Buch „Der Aufdecker" berichtet er von einer Reportage, die ihm sein Vorgesetzter mehr oder minder diktiert hatte. Wallraff war zu einer Ausstellung von Aquarium-Fischen geschickt worden. In einem der vielen Aquarien schwammen einige kleinere Piranhas. Wallraff hatte den Auftrag, „nur über die Piranhas" zu berichten, der Rest sei uninteressant. Er befragte den Ausstellungsleiter, ob es zu Zwischenfällen mit den Piranhas gekommen sei. Der Mann roch den Braten, dachte aber auch daran, dass eine reißerische Schlagzeile viele Besucher anlocken würde.

Er versuchte einen Kompromiss und erzählte Wallraff folgende Geschichte: „Vor acht Jahren ist mal so was passiert. Der Leiter des

Aquariums im Landesmuseums, der sich diese Tierchen hielt, ist von einem Fisch gezwickt worden, nachdem er alles nur Denkbare falsch gemacht hat. Aus einem fast leeren Aquarium heraus wollte er die Fische umsetzen. Da hat sich in Todesangst ein Fisch an seiner Fingerkuppe verbissen, es war ein ganz kleines Stück angenagt, das mit einem Pflaster wieder verklebt wurde."

Zurück in der Redaktion, schrieb Wallraff eine journalistisch korrekte Geschichte über die Ausstellung und erwähnte auch die Piranhas. Als sein Chef „darübergegangen" war, las es sich wie folgt: „Piranhas rissen Museumsdirektor Stücke aus der Hand – Ärzte nähten sie wieder an. Es war reines Versehen. Günther Kluge, Leiter des Landesmuseums in Hannover, griff beim Reinigen in das Aquarium, das in seinem Büro steht. Sofort gruben sich 147 rasiermesserscharfe Zähne in seine Hand und rissen ihm ein Stück Fleisch heraus. Blutdurst der Piranhas, der gefährlichsten Süßwasserfische dieser Welt. Sieben dieser Amazonasfische können Sie von morgen an ab 11 Uhr im Freizeitheim Warenwald besichtigen. Günter Kluge hatte übrigens Glück. Der in Gefangenschaft gezüchtete Fisch spuckte das Stückchen Hand wieder aus. Im Krankenhaus konnte es dem Museumsdirektor wieder angenäht werden."

147 Zähne, das hätte ein Piranha gerne. In Wahrheit hat er, das ist bei solchen Tieren nicht immer gleich, zwischen fünfzig und siebzig kleine scharfe Zähne. Aber das ist der Klatschpresse natürlich zu banal – 147 klingt doch gleich viel gefährlicher.

Schwärme bilden sie, wie andere Fische auch, im Wesentlichen deshalb, weil sie so vor Fressfeinden besser geschützt sind. Denn natürlich werden sie auch selbst gefressen, da gibt es im Wasser keine Gnade. Es stimmt, dass sie Blut im Wasser sehr schnell riechen oder schmecken und dann davon ausgehen, dass es möglicherweise verletzte und somit leichte Beute gibt.

Aus all diesem Sammelsurium an historisch falsch eingeordneten Berichten wie jene von Humboldt und Roosevelt, aus den daraus entstandenen Gerüchten und Mythen zimmern sich sensationslüsterne Berichterstatter Horrorstorys zusammen, die jeder Grundlage entbehren. Boulevardmedien machen das natürlich nicht aus Unwissenheit. Sie wissen: Menschen haben ein Bedürfnis nach Nervenkitzel, nach Gruseln. Dass die armen Piranhas so spitze Zähne haben, wird ihnen auch unter skrupellosen Fischhändlern zum schmerzhaften Verhängnis. Es werden ihnen bei lebendigem Leib die Lippen abgeschnitten, damit die Zähne noch gefährlicher funkeln. Dabei leisten die Fische in ihrer angestammten Flussheimat wertvolle Dienste. Sie beseitigen Kadaver und Aas und sorgen so dafür, dass sich Seuchen und Krankheitserreger nicht unkontrolliert ausbreiten. Eine Zahnhygiene, die ihnen den Ruf eines Killers eingebracht hat.

Wenn Sie mit Kindern Aquarien bestaunen, dann erzählen Sie ihnen von der Schönheit der Natur unter Wasser und verzichten Sie auf die eine oder andere Horrorgeschichte. Das wird die Kinder ruhig schlafen lassen und den blutigen Steckbrief der Piranhas zum Wohle der Tiere entschärfen.

DIE SCHWIERIGKEITEN DER MARS-KORRESPONDENTIN

Wir sind in einer Live-Sendung. Während eines Berichts über einen Roboter, der am Mars gelandet ist, blickt der Moderator nachdenklich auf den Monitor und fragt mich: „Sag einmal, wie haben die das gefilmt? Das ist ja überhaupt nicht unscharf." Während ich irritiert über die Frage nachdenke, hören wir über die Regie: „In zehn Sekunden seid ihr wieder auf Sendung."

„Erklär ich dir später!", schaffe ich noch zu sagen, dann ist die Kamera wieder auf uns gerichtet. Ich hoffe inständig, dass er mir die Frage nicht live auf Sendung stellt.

Seit der Mondlandung sind vor allem Menschen der älteren Generationen darauf vorbereitet, dass Bilder aus dem Weltraum schemenhaft, schwarz-weiß und unscharf sind. Das ist längst nicht mehr so. Große Weltraumagenturen liefern Aufnahmen, die gestochen scharf und in Farbe sind. Dass der Weltraum das Publikum in seinen Bann zieht, erlebte der Bayerische Rundfunk, als er Mitte der 1990er-Jahre begann, nächtliche Sendepausen mit einer „Space Night" zu füllen. Elegische Aufnahmen von der Erde wurden mit sphärischer Musik unterlegt. Viele Videos stammten von den amerikanischen Spaceshuttles, später lieferten das deutsche Raumfahrtzentrum DLR und die NASA Sequenzen. Die Sendung wurde sehr schnell zu einem Kult – Zuschauer liebten es, sich spät in der Nacht den meditativen Erdbetrachtungen hinzugeben. Wie viele dabei eingeschlafen sind, ist nicht überliefert. Als der Bayerische Rundfunk 2013 die Sendung wegen Rechteproblemen mit den Musikverlagen einstellen wollte, hagelte es heftige Proteste. Man wechselte auf rechtefreie Musik und damit können die Menschen wieder entspannt den Planeten umkreisen und sich ein bisschen als Astronauten fühlen.

1969 fühlte die ganze Menschheit mit einem Astronauten. Neil Armstrong betrat den Mond. 2019 hatte ich die große Ehre, eine

Dokumentation anlässlich des fünfzigsten Jahrestages zu gestalten. Wir trommelten Zeitzeugen zusammen, der große Hugo Portisch erzählte mir, wie das damals war mit der Live-Übertragung des ORF. 28 Stunden und 18 Minuten war er im Studio – einem überhitzten Raum in der Nähe des Schönbrunner Tiergartens in Wien. Die Kommentatoren rund um Hugo Portisch waren da schon sehr gefordert.

Ich holte mir die Sendungsaufzeichnung aus dem Archiv, um nachvollziehen zu können, wie die geschätzten Kollegen damals mit der Situation umgingen. Die alten Filmrollen waren schon anlässlich eines anderen Mond-Jubiläums digitalisiert worden. „Ausschnitt ORF Live-Übertragung Mondlandung 1969" war der Titel im Archivsystem. Merkwürdigerweise stand da auch zu lesen: „Haupttitel: „Archivband Sport – Ski Alpin". Das war merkwürdig. Als ich sah, dass der Computer eine Gesamtlänge von 19 Minuten anzeigte, dachte ich buchstäblich, ich wäre im falschen Film. Dann begann ich mir die Aufnahmen anzusehen. Hugo Portisch souverän wie immer, Peter Nidetzky war Co-Kommentator und Herbert Pichler, ein Weltraum-Spezialist, war der Dritte. Immer wieder wurden Livebilder der NASA eingespielt – die Spannung war zum Greifen. Dann, endlich war der Adler gelandet, Armstrong sprach seine berühmten Worte „The eagle has landed." Jetzt öffnete sich die kleine Tür der Landesonde und Armstrong begann die Leiter hinunterzuklettern.

Ich notierte mir den genauen Time-Code, also die Stelle im Video, an der es so richtig spannend wurde. Armstrong setzte zum letzten Schritt an – plötzlich ein kurzes Rauschen – dann war Armstrong weg und ich sah eine Skifahrerin einen Slalomhang hinunterfahren. Keine Spur mehr vom Mond, bis zum Ende des Videos.

Was, bitte, war das? Ich fragte im Archiv nach, was da los wäre. Ein erfahrener Kollege räusperte sich. „Ah, haben sie dir nichts von der Sache mit den Bändern erzählt?"

Ich wusste nicht, was er meinte.

„Es war so: Vor einigen Jahrzehnten wurde die Devise ausgegeben, dass die teuren professionellen Videobänder mehrfach benutzt werden sollten. Da hat dann jemand die Mond-Aufnahmen mit Skifahren überspielt."

Ich war fassungslos. „Das heißt, das ist weg, ganz weg? Wir haben von den mehr als 28 Stunden Live-Übertragung nur noch knapp zwanzig Minuten im Archiv?"

„Ja, leider."

Immerhin konnten wir noch ein paar wesentliche Szenen zusammenkratzen und bekamen einige Passagen von Partnersendern. Denken Sie jetzt bitte nicht: Typisch ORF! Der großen NASA ist ganz Ähnliches passiert: Die Filmaufnahmen vom Mond mussten konvertiert werden, weil sie nicht sendetauglich waren. Dann wurden sie auf einen Satelliten geschickt, der sie zur Bodenstation nach Houston übertrug. Von dort wurden dann die Bilder erst in alle Welt ausgestrahlt. Das Original-Filmmaterial vom Mond findet die NASA auch nicht mehr.

Höchst unterschiedlich waren auch die Wege in die Öffentlichkeit. In den meisten westlichen Ländern wurde die Landung live gesendet, im Osten war das klarerweise anders, wo doch der Klassenfeind einen Erfolg publizistisch ausschlachtete. In der Sowjetunion haben es nur höhere Kreise der Nomenklatura live gesehen, in China wurde nichts gezeigt – dort wurde es komplett ignoriert. In Polen war es schon anders, da wurde übertragen, auch in Rumänien und in Jugoslawien – dort haben es Österreicher miterlebt, die auf Urlaub waren. Kurios war es in Neuseeland: Dort gab es 1969 noch keine Satellitenübertragung – Filmrollen wurden von Australien mit Flugzeugen nach Neuseeland transportiert. Mit viereinhalb Stunden Verspätung haben dann auch die Neuseeländer in den Abendnachrichten von der Landung erfahren.

Heute ist die gesamte Weltbevölkerung live dabei, wenn eine Rakete startet. Kameras filmen aus allen erdenklichen Perspektiven, auch auf den Raketen selbst sind Kameras montiert. Seit Milliardäre ihre „All-Macht" mit Ausflügen in den Weltraum beweisen wollen, verkommen manche dieser Missionen zur inszenierten Seifenoper. Schauspielerinnen verabschieden sich, als flögen sie auf Nimmerwiedersehen in eine fremde Galaxie, altgediente Astronauten betonen pflichtschuldigst und gut bezahlt die Wichtigkeit der Reise. Die technische Leitung der Bodenstation übt sich im gespannten Starren auf die Monitore, Superreiche harren in ihren millionenteuren Startplätzen des großen Schubes, der sie ganz nach oben bringen soll. Der Start gelingt, für einige Minuten dürfen die Passagiere hinunterblicken auf eine Erde mit Milliarden von Menschen, die sich keinen noch so billigen Flug leisten können. Zurück auf der Erde küsst die abgehobene Schauspielerin den Boden, als hätte er dringend auf ihre Rückkehr gewartet.

Bei den Starts wissenschaftlich relevanter Missionen dienen die Kameraaufnahmen auch der technischen Dokumentation, falls etwas schiefgeht. Natürlich wird auch darauf geachtet, dass den Zuschauern etwas geboten wird. Dazu zählen schon im Vorfeld aufwendige Animationen, wie das Ganze ablaufen wird. Eine Landung am Mars muss selbstständig ablaufen, niemand kann hier am Schluss eingreifen, weil ja alleine der Signalweg vom Mars zur Erde seine Zeit dauert – wenn da theoretisch ein Techniker am Boden an einem Steuerknüppel zieht, reagiert das System am Mars erst drei Minuten später. Also so kann es nicht funktionieren. Das gesamte Landemanöver ist deshalb fix programmiert. Die Simulation zeigt den idealen Ablauf. Und zwar in so realistischen Bildern, dass viele Menschen glauben, das seien Bilder von Kameras.

Vor einigen Jahren sind wir deshalb dazu übergegangen, diese computeranimierten Szenen mit dem Wort „Simulation“ zu kennzeichnen. Sonst glaubt noch der eine oder die andere, wir hätten eine teuer bezahlte Korrespondentin mit Filmteam da oben.

GESCHÜTTELT, NICHT GERÜHRT

Das Summen der Hydrauliksysteme wird lauter. Tausende Tonnen Druck pressen auf die meterdicke Betonmauer. Dicke Stahlseile, die in die Mauer eingelassen sind, beginnen seltsam zu singen. Es knackt, ein kleines Betonstück wird von der Mauer abgesprengt. Dann ein ohrenbetäubender Knall, unwillkürlich zucken wir hinter der dicken Plexiglaswand zusammen. Wir sind im Erdbeben-Forschungsinstitut der University of Washington in Seattle.

Erdbebenforscher sind den Umgang mit extremen Kräften gewohnt. Sie lassen keine Gelegenheit aus, sich mit solchen Kräften zu messen und herauszufinden, wie man ihnen standhalten kann. Rund um die Welt bin ich gereist, um herauszufinden, mit welchen Methoden es Techniker schaffen, das Schlimmste zu verhindern. In den USA fürchten Wissenschafter eines ganz besonders: „the big one", ein Erdbeben, das so gut wie sicher in Kalifornien stattfinden wird, wo die berüchtigte „San-Andreas-Verwerfung" im Untergrund rumort.

Hier reiben sich die Nordamerikanische und die Pazifische Platte aneinander. Mehr als 1300 Kilometer lang ist die Reibungsfläche, 1906 rissen 447 Kilometer im nördlichen Abschnitt auf, innerhalb von 42 Sekunden war San Francisco weitgehend zerstört, 3000 Menschen verloren ihr Leben. Der Unruheherd im Untergrund wird sich nicht beruhigen, so viel steht fest. Es ist nur eine Frage der Zeit, wann sich die Energie wieder entlädt, wann die Erde wieder bebt.

Erdbebensicher zu bauen, ist in diesen Zonen eine Lebensversicherung. Das Dilemma ist klar: Gebäude sollen gleichzeitig fest und flexibel sein – eine große Herausforderung. Hochhäuser müssen enormen Windkräften standhalten, im Falle eines Erdbebens muss die Konstruktion aber die Kräfte in sich aufnehmen und ableiten können. Sogenannte Schwingungstilger wurden dafür erfunden. Ein riesiges hängendes Pendel wird durch die Schwingungen in Bewegung gesetzt, nimmt so die Energie auf und baut sie langsam ab. Das verhindert, dass das massiv gebaute Gebäude durch Rüttelbewegungen zerstört wird. Zusätzlich sind Stahlträger so geformt, dass sie sich im Extremfall leicht verbiegen und ebenfalls Kräfte aufnehmen.

Die Forschungsgruppe in Seattle setzt auf ein flexibles System. Stahlseile werden in Zwischendecken und anderen Hohlräumen lose eingespannt. Auf den Seilen sind Vorrichtungen montiert, die sich bei Zugbelastung festklemmen und nur noch wenig nachgeben. Mit dem Effekt: Wird ein Gebäude von Erdstößen durchgerüttelt, fangen die Seile das Bauwerk wie Gummibänder elastisch ab und nehmen die zerstörerische Energie in sich auf. Die Anlage für die Versuche ist eindrucksvoll. „Rig of hell", Höllenmaschine, nennen die Techniker in Seattle ihre brachialgewaltige Maschine. Gebaut, um zu zerstören – gemacht, um kaputt zu machen. Dahinter stecken unzählige Messinstrumente, die jede kleinste Kraftverschiebung, jede winzige Lageveränderung der Bauteile dokumentieren.

Die Mauer wankt bedenklich, knirschend reiben sich die Seile am Beton, es sieht aus wie ein titanisches Kräfteringen. Noch einmal schieben die Hydraulikzylinder in eine andere Richtung, Betonsplitter springen aus der Wand, Staub wirbelt auf, ächzend wankt die Mauer zurück in die Vertikale. Sie steht, Test bestanden.

Im italienischen Bergamo gibt es eine mehrere Meter lange Brücke aus Beton auf einer großen Eisenplatte. Die Brücke steht auf Lagern, wie man sie oft unter solchen Bauwerken sieht. Im Maßstab 1:20 wird hier getestet, welches Lager im Falle eines Erdbebens am besten funktioniert. Ein Forschungsteam aus Österreich hat ein spezielles Lager entwickelt, das schichtweise aus Eisenplatten und Gummipuffern aufgebaut ist. Es sieht ein bisschen aus wie eine stählerne Lasagne mit Kautschukfülle.

„Wir simulieren jetzt einmal ein kleines Erdbeben", sagt mir der Versuchsleiter. Die stählerne Platte, in der Forschung heißt sie passend „Rütteltisch", beginnt sich langsam hin und her zu bewegen. Die Brücke macht die Bewegung mit, dann stoppt die Anlage plötzlich. Die Brückenlager verschieben sich leicht, fangen den Stoß aber sofort wieder ab und stehen gerade. Techniker aus Taiwan sind hier, um sich die Methode anzusehen. Deshalb wird jetzt ein historisches Erdbeben aus Taiwan simuliert, die Daten wurden in den Computer des Rütteltisches eingegeben. Entsprechend unruhig wird jetzt die Platte, wie eine Bauchtänzerin beginnt sie sich zu schütteln. Leichte Quietschlaute aus den Lagern verraten, dass das Material gefordert ist.

Nach vierzig Sekunden ist Schluss. Angestrengt studieren Wissenschafter an den Monitoren, welche Daten die Messinstrumente der rundum verkabelten Brücke liefern. Nach kurzer Diskussion wird entschieden, die simulierten Kräfte des Erdbebens zu verdoppeln. Die Anspannung in den Gesichtern ist jetzt deutlich zu sehen. Start! Jetzt erinnert der Rütteltisch an ein Rodeo-Pferd, das seinen ungeliebten Reiter unbedingt loswerden will. Es kracht und knallt – die Lager gehen förmlich in die Knie und beginnen zu rutschen. Das ist nicht gut.

Neu entwickelte Lager sollen mit leicht schräg gestellten Stahlplatten den Seitenschub abfangen. Eine Idee, die gleich Erfolge zeitigt: Verbesserte Lager halten bis zur vierfachen Stärke des simulierten Bebens durch. Es wird nicht die letzte Entwicklung sein, Tag für Tag werden solche Versuche gemacht, damit wir alle noch sicherer über Brücken fahren können.

An der Technischen Universität Wien haben Techniker einen Brückenpfeiler in der Mangel. Er ist aus Stahlbeton gefertigt, mehrere Meter lang und ungefähr einen halben Meter dick. Der wird jetzt eingespannt in eine Anlage, die ihm und den Technikern zeigen soll, dass er auch nicht unzerstörbar ist.

Ein kleiner Mausklick am Computer und der Fitnesstest beginnt. Leise beginnen die Zylinder der großen Hydraulikanlage zu brummen. Als umgerechnet 1300 Tonnen Gewicht auf ihm lasten, beginnt der Betonpfeiler zu ächzen. Dann geht es schnell. Nach einem Knall zerbirst das Bauteil, meterlange Betonteile springen ab und landen krachend auf dem Boden der Versuchshalle. Im Inneren werden die Stahlstäbe sichtbar, die zur Verstärkung eingegossen wurden. Jetzt wird abgeglichen: Haben die Berechnungen der Statiker gestimmt, erfüllt der Pfeiler jene Norm, die für uns alle mehr Sicherheit bedeutet?

Die eindrucksvollen Hydraulikpressen, die in Wien ganze Brückenpfeiler zerbröseln, werden in Linz weiterentwickelt. Denn obwohl sie so stark sind, wird ohne zusätzliche technische Verbesserungen nur die Hälfte der eingesetzten Energie in Arbeit und Kraft umgesetzt, der Rest verpufft. Mit Magnetventilen, die innerhalb von wenigen Millisekunden öffnen und schließen können, steigt der Wirkungsgrad einer Hydraulik von fünfzig auf neunzig Prozent und mehr.

Bei Baumaschinen und anderen mobilen Arbeitsgeräten ist das ein enormer Vorteil. Wenn Sie immer noch größere Bagger mit Riesenkräften sehen, dann hat das viel damit zu tun, dass Hydrauliksysteme effizienter geworden sind.

PLAUDERTASCHEN AUS DEM MITTELALTER

Grübelnd saß der Leibarzt des Salzburger Erzbischofs Bernhard von Rohr über einem Manuskript, das der geübte Schreiber Ulrich aus Regensburg in wochenlanger Arbeit angefertigt hatte. Sogar das genaue Datum hatte dieser vermerkt – 1471, am Vortag zu Christi Himmelfahrt –, bevor er nach 840 mühevoll produzierten Seiten den Gänsekiel zur Seite legte.

Eine mächtige Sammlung von 300 medizinischen Gutachten eines Arztes aus Padua, der in hohem Ansehen stand. Ob sein Salzburger Kollege hier das geeignete Heilmittel für seinen Patienten finden würde? Denn dieser hatte es – wieder einmal – übertrieben und beim kürzlich über die Bühne gegangenen Festmahl nicht nur alle Register kunstvoller Inszenierungen bei der Tafel gezogen, sondern auch selbst kräftig zugelangt. Silberne Schüsseln und Teller tanzten einen munteren Reigen, beladen mit Köstlichkeiten, von denen Bernhard besser die Finger gelassen hätte. Der Medikus verdrehte die Augen. Wenig überraschend überfiel den hohen Herrn am nächsten Tag eine heftige Anwandlung von Schwermut, die er nun kurieren sollte. Wie oft hatte er dem Erzbischof ins Gewissen geredet und ihm klarzumachen versucht, dass dessen Melancholie durch ein Übermaß an Schwarzer Galle verursacht wird! Und das passiert, wenn man sich falsch ernährt.

So oder so ähnlich hat es sich am Salzburger Hof des Spätmittelalters zugetragen. Die Teleskope, mit denen Wissenschafter in die Vergangenheit blicken können, sind zwei zeitgenössische Handschriften, die eine Vielzahl an medizinischen Texten überliefern. Spannend sind allerdings nicht die Abschriften umfangreicher und bekannter Werke, von denen meist viele Kopien im Umlauf waren, sondern Anmerkungen oder Zeichen bei bestimmten Textstellen, die ein Manuskript personalisieren. Was war wichtig, für wen war es von Nutzen?

Chronisten beschreiben Erzbischof Bernhard von Rohr als prunkliebend und als Freund der gediegenen Küche, manche attestieren ihm Hypochondrie. Spannend ist die Frage, ob sich Spuren in Handschriften aus seinem Besitz finden, die diese für einen Geistlichen nicht gerade schmeichelhafte Charakterisierung bestätigen. Fest steht, dass er großes Interesse an der Heilkunst hatte, denn insbesondere Bücher medizinischen Inhalts ließ er von seinem Lieblingskünstler Ulrich Schreier mit prächtiger Buchmalerei und Blattgold verzieren. Dieser wiederum wollte seinem Auftraggeber schmeicheln und porträtierte ihn in drei Manuskripten mit feinen Pinselstrichen als vornehmen Arzt mit dem wichtigsten Diagnoseinstrument des Mittelalters, dem Uringlas.

Wie aber kitzeln Wissenschafter aus Hunderten vollgeschriebenen Seiten die Informationen heraus, um die oben gestellte Frage zu beantworten? Sie suchen nach Auffälligkeiten: schriftliche Notizen am Blattrand, Zeichnungen, abweichende Tintenfarben, Personennamen in Überschriften.

Beide Manuskripte aus Bernhards Bibliothek erweisen sich als regelrechte Plaudertaschen. Ausgerechnet bei den Kapiteln, die Heilmittel für die Melancholie beschreiben, hatte jemand sogenannte Zeigehände – die Textmarker des Mittelalters – hingezeichnet. Dieser Jemand war aber nicht der Schreiber, denn die Farbe der verwendeten Tinte unterscheidet sich deutlich von der des Textes. Vor unserem geistigen Auge erscheint der Leibarzt des Erzbischofs, der Seite für Seite den umfangreichen Wälzer nach geeigneten Rezepten durchsucht und diese dann markiert, um sie schnell wiederfinden zu können, wenn der illustre Herr wieder einmal ein Zuviel an Schwarzer Galle, altgriechisch „melas cholē“, produziert und seinen Säftehaushalt durcheinandergebracht hatte. Der Medikus war kundig in der Lehre vom Gleichgewicht der vier Körpersäfte – Blut, Schleim, Gelbe und Schwarze Galle – und versuchte, das Schlimmste durch richtige Ernährung und entsprechende Rezepturen zu verhindern.

Ungern erinnerte sich der Arzt an die brenzlige Lage vor drei Jahren. Was hatte er nicht alles versucht, um die Magenprobleme seiner

Herrschaft in den Griff zu bekommen? Kein Aderlass wollte helfen, wie auch: „Der Aderlasser soll nit fressig sein", lautete das Credo. Das war seinem Patienten aber nicht beizubringen. Neue, bessere Heilmittel mussten her und er legte all seine Erfahrung in die Waagschale und nützte sein sorgsam gepflegtes Netzwerk. Aus nicht weniger als 33 verschiedenen Substanzen komponierte er ein Magenpulver, abgestimmt auf die persönlichen Bedürfnisse des Erzbischofs: Galgant, Kardamom, Zimt, Muskat, Macis und Anis, die der Vier-Säfte-Lehre nach als „heiß" galten, sollten die „kalten" Eigenschaften des Melancholikers ausgleichen, Rosmarin und Lavendel den Magen beruhigen. Besonders stolz war er auf seine Idee, noch ein „heüttel von den hennen mäglein" beigefügt zu haben!

Als Leibarzt am Salzburger Hof war er keine unbedeutende Persönlichkeit, deswegen kamen seiner Bitte um Unterstützung, die er an verschiedene Klöster gerichtet hatte, viele nach. Wie er erwartet hatte: Die meisten Rezepte waren ihm bekannt. Doch was der Abt des Tiroler Benediktinerklosters St. Georgenberg geschickt hatte, schien dem Mediziner mehr als interessant zu sein. Aus 27 Wirkstoffen zusammengesetzt präsentierte sich die Mischung geradezu als Allheilmittel und sollte Hirn, Herz und Nerven beruhigen sowie bei Pest, Lähmungen, Schlaganfall, Epilepsie und Vergiftungen helfen. Dafür musste der hochwürdigste Landesherr zwar tief in die Tasche greifen, weil rote Koralle, Perlen, Elfenbeinraspel und Knochen aus dem Herzen eines Hirschs nicht zu den preisgünstigsten Ingredienzien zählten, aber das würde ihm seine Gesundheit wohl wert sein.

Gleich wollte er zum Apotheker Zacharias schicken lassen, um sicherzugehen, dass alles vorrätig war. Auf diesen war Verlass, denn auch er hatte sich um die Gesundheit des Erzbischofs gesorgt und ein Pillenrezept aus Aloe, Myrrhe, Safran, Rhabarber, Champignons und Tonheilerde preisgegeben, ein unfehlbares Medikament bei Vergiftungen! Jetzt galt es noch, sicherzustellen, dass diese wunderbaren Mittel nicht in Vergessenheit gerieten, sie mussten zu Papier gebracht werden. Er warf einen Blick in die Schreibstube des erzbischöflichen Hofes. Wie günstig, dass der unermüdliche Ulrich gerade Klassiker der arabisch-persischen Medizin kopierte, da würden die für Bernhard gesammelten Rezepte einen passenden Abschluss bilden.

Beide Handschriften aus dem Besitz des Erzbischofs befinden sich heute an der Universitätsbibliothek Salzburg. Die „Hard Facts", also die Beschreibung des Objekts und des Inhalts sowie Datierung und Personennamen, sind abrufbar in der Handschriftendatenbank manuscripta.at der Österreichischen Akademie der Wissenschaften und anhand der Digitalisate überprüfbar.

Zum Leben erwachen die Bücher aber durch Menschen, die sich intensiv mit ihnen beschäftigen und sie „zum Sprechen bringen". Verraten haben die Plaudertaschen jedenfalls, dass Bernhard von Rohr Probleme mit der Balance seiner Körpersäfte und seinem Magen hatte. Die Manuskripte wurden von einer fachkundigen Person zusammengestellt, auf brauchbare Heilmittel durchforstet und um personalisierte Rezepte erweitert.

Ob der Arzt seinen prominenten Patienten zu einer gesunden Ernährung bewegen konnte, ist nicht bekannt. Bedenkt man den Umstand, dass in der erzbischöflichen Hofbibliothek die ältesten Kochrezepte Salzburgs darauf warteten, gekocht zu werden, entstehen leichte Zweifel. Ein Schelm, wer Übles denkt!

GEISTERFAHRER AUF DER RENNSTRECKE

Was für eine Rennstrecke! Nirgendwo auf der Welt sind die Geschwindigkeiten höher, nirgendwo auf der Welt wird so unglaublich beschleunigt wie hier. 27 Kilometer lang ist der Rundkurs, keine Zuschauerränge säumen die Kurven und doch ist es die bestüberwachte Strecke der Welt. Hundert Meter sind wir mit einem Lift in die Tiefe gesunken, jetzt stehen wir dort, wo gerast wird, was das Zeug hält. Der beste Marathonläufer würde deutlich mehr als eine Stunde für einen Umlauf benötigen, ein Formel-1-Wagen immer noch gute fünf Minuten. 300 Kilometer pro Stunde – was für ein Schneckentempo! Die Rekordhalter in diesem Tunnel jagen mit fast 300.000 Kilometern pro Sekunde Richtung Ziel. Pro Sekunde schaffen sie exakt 11.245 Runden – kein Stunden-, sondern ein sagenhafter Sekundenweltrekord.

Kein noch so geschwindigkeitsverliebtes Publikum der Welt kann sie sehen und doch werden sie entdeckt. Denn auf ihrem Rundkurs haben sie Gegenverkehr. Und wenn einer mit dieser Geschwindigkeit gegen einen ebenso schnellen Geisterfahrer knallt, dann bleibt kein Auge trocken. Schon gar nicht jene von Physikerinnen, die in eigenen Überwachungsanlagen beobachten, was nach diesem Frontalzusammenstoß übrig bleibt. Die Spurensicherung liefert Erkenntnisse, wie das damals gewesen sein muss, beim Urknall, als das Universum seinen Anfang nahm. Wir sind in Genf, im größten Teilchenbeschleuniger der Welt.

Um die kleinsten Teilchen der Materie zu studieren, wurde die größte Maschine der Welt gebaut. Denn so einfach lassen sich die Bausteine des Lebens nicht auseinanderdividieren. Es müssen Bedingungen geschaffen werden, die es möglich machen, die Vorgänge zu beobachten, zu messen und zu analysieren. Das geht nur in ganz großem Stil. Unter Laborbedingungen ganz tief ins Universum zu blicken, funktioniert nicht in einem Reagenzglas. Teilchen, die mit fast Lichtgeschwindigkeit unterwegs sind, lassen sich nicht durch eine Spielzeug-Autobahn auf Kurs halten.

Extrem starke Magnete sind in Genf die unsichtbaren Leitplanken der Protonen, die aufeinander zurasen, bis es knallt. 9593 Magnete sind es genau – und die müssen gekühlt werden, damit die Bedingungen passen. Nicht auf Kühlschranktemperatur, es sind exakt minus 271,3 Grad Celsius, die notwendig sind. Auf ihren Monitoren sehen Wissenschafter, wie „Strahl 1“ in Rot im Uhrzeigersinn unterwegs ist, während ihm „Strahl 2“ in Blau gegen den Uhrzeigersinn entgegenjagt. Wenn sie aufeinanderprallen, entstehen Temperaturen 100.000-mal so heiß wie das Innere der Sonne. Durch die Kühlung über die Magnete hält der Tunnel das aus. Das alles musste im Voraus berechnet werden, denn gravierende Unfälle wären katastrophal.

Einer hat vieles vorausberechnet, was in der Riesenmaschine durch Experimente bewiesen wurde. Peter Higgs, ein schottischer Wissenschafter, hatte seit den 1960er-Jahren die These vertreten, es müsse ein kleines Teilchen geben, das entstehen kann, wenn andere Teilchen mit hoher Energie kollidieren, so wie im Teilchenbeschleuniger in Genf. Durch eine Wechselwirkung mit dem von ihm definierten Higgs-Feld würde sich das Teilchen verraten, man könne es erkennen.

Das Higgs-Feld ist wie ein unsichtbarer Honig, der sich durch das gesamte Universum zieht. Elementarteilchen, die durch diesen zähen Honig müssen, werden leicht gebremst – und das ist nachweisbar. Gibt es das Higgs-Feld, muss es auch das Higgs-Teilchen geben, so die Schlussfolgerung der Physik. Nachgewiesen werden musste es eben durch Kollisionen von Teilchen. Das Problem: Um ein Higgs-Teilchen zu erzeugen, mussten zehn Milliarden Kollisionen erzeugt werden, um einen Zufall auszuschließen, 15 Billionen davon. 2012 war es dann so weit. Wissenschafter des CERN jubelten in einer internationalen Pressekonferenz: „Wir haben es gefunden, das Higgs-Teilchen existiert!“

Peter Higgs ist, so wie viele andere hochkarätige Wissenschafter, ein freundlicher und bescheidener Mann. 2013 hat er den Physik-

Nobelpreis für seine Forschungen bekommen. Er schüttelt mir lächelnd die Hand. Wie oft habe ich mir bei solchen Menschen gedacht: Was ist in diesem Kopf vorgegangen, als die entscheidende Idee entstand? Manche bezeichnen das Higgs-Teilchen als Gottesteilchen, das gefällt dem erklärten Atheisten aus Edinburgh aber nicht. Er wollte die Welt neu erklären, ganz ohne Gott. Dabei, so sagt er, sei ihm das Erklärungsmodell beim Wandern in den schottischen Highlands eingefallen.

Ich versuche, ihn etwas aus der Reserve zu locken. Von Albert Einstein ist bekannt, dass er mit der Quantenphysik und der Teilchenphysik nicht allzu viel anfangen konnte. Für ihn zählten die großen Zusammenhänge, das Universum in seiner ganzen Dimension. Es ist nicht wirklich ein Widerspruch, aber die Lager sind klar.

„Was würden Sie denn Albert Einstein fragen, wenn er jetzt vor Ihnen stehen würde?", frage ich den schottischen Physiker, dem der Schalk aus den Augen blitzt.

Er lacht laut. „Ich würde ihn wahrscheinlich fragen, ob er immer noch unglücklich ist, dass wir ein anderes Modell verfolgt haben als er."

Peter Higgs ließ sich nie von großen Namen beeindrucken. Als ihm die Queen 1999 den Titel „Sir" verleihen wollte, lehnte er dankend ab. Er denkt vielmehr an die Zukunft.

„Wir sind auf dem Weg, wir werden noch ganz andere Teilchen entdecken, das Higgs-Teilchen ist erst der Anfang."

Den Nobelpreis nahm er entgegen, weil es eine Auszeichnung für eine Forschung war, die nicht er allein vorangetrieben habe, wie er betont. So wirklich wichtig war ihm das aber auch nicht. Der Tag, an dem die Nobelpreise verkündet werden, ist für viele Wissenschafter geprägt von der Hoffnung, der Auserkorene zu sein. Bei Higgs war das anders. Das Komitee in Stockholm hatte 2013 seine liebe Not, den Physiker zu erreichen. Zum Glück hob eine Nachbarin das Telefon ab. Die gratulierte ihm zu den „tollen Neuigkeiten", nachdem sie ihn auf der Straße traf. „Welche Neuigkeiten?", fragte Peter Higgs.

2024 verstarb der große kleine Mann mit 94 Jahren in Edinburgh.

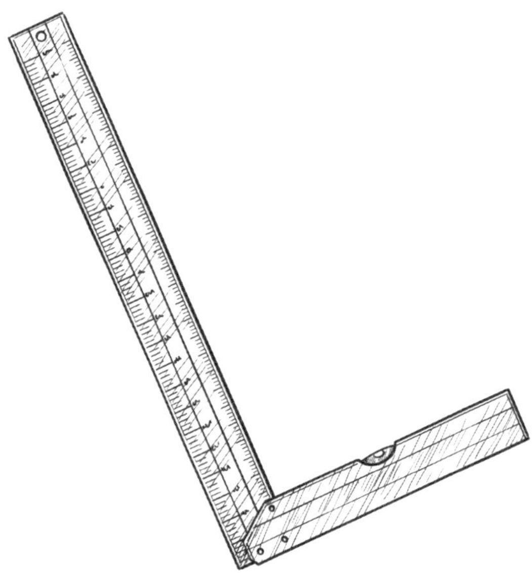

DIE LÄNGE DER HAARESBREITE

Wenn ich mit meinem Freund Alois auf der Jagd bin, machen wir manchmal ein kleines Schätzspiel.

„Wie weit ist dieser Gamsbock entfernt?", frage ich ihn.

Er zögert nicht lange. „170 Meter ungefähr."

Mit meinem Laser-bestückten Fernglas messe ich nach. Es sind 168 Meter. Wenn ich meinen Tischler-Bruder Harry frage, wie lang wohl dieser Balkon sei, dann sagt er mir: „Acht Meter fünfzig, ungefähr." Es sind dann acht Meter 45 oder so.

Menschen, die viel mit Entfernungen zu tun haben, sind sehr verlässliche Messinstrumente. Klar ist: Wir müssen von derselben Maßeinheit ausgehen. Wir Europäer sind auf Meter geprägt. Was unter einem Meter zu verstehen ist, war lange Zeit nicht so ganz klar. Versuche, zu einem einheitlichen, für alle gleichen Längenmaß zu kommen, gab es schon sehr früh.

Historisch betrachtet begann es vor mehr als 5000 Jahren. In Mesopotamien nahm man die Unterarmlänge eines Herrschers als Maßstab. Die sogenannte „Nippur-Elle" wurde zur Vorgabe. Sie war nach unserem metrischen System 51,8 Zentimeter lang. Könige und andere hohe Herrschaften nahmen selbstverständlich an, dass ihre Proportionen das Maß aller Dinge vorzugeben hatten. Demgemäß waren es auch verschiedene Maßeinheiten, die im Handel oder bei Grundstückvermessungen verwendet wurden.

Die wirkliche Wende brachte, wie bei vielen anderen Angelegenheiten, die Französische Revolution. Statt dem Oberschenkel eines Ottokar oder der Elle einer Ellie sollte ein konstanter Wert aus der für alle gleichen Natur genommen werden. Mein Physiklehrer im Gymnasium wollte bei einer Prüfung von mir die Definition des Meters wissen. Ich beantwortete die Frage brav wie eingelernt mit: „Ein Meter ist der vierzigmillionste Teil des Erdumfanges."

Was ich mich schon damals fragte, mich aber hütete, es bei der Prüfung zum Thema zu machen: Warum, zum Teufel, genau der vierzigmillionste Teil? Warum nicht der fünfzigmillionste Teil oder der 63.468.271-ste Teil?

Aber gut, wenn zuvor die Knochenlängen irgendwelcher Blaublütler die Grundlage sind, dann muss man sich halt auch hier auf etwas einigen. Wobei mein geschätzter Physikprofessor nicht ganz richtig lag. Grundlage für die Meter-Definition war ein von der französischen Nationalversammlung eingesetztes Komitee, das sich darauf einigte, dass der Nullmeridian das Maß vorgeben sollte. Auf diesem Nullmeridian die Strecke zwischen Nordpol und dem Äquator, um genau zu sein. Jetzt wäre es natürlich blöd, wenn diese doch sehr lange Strecke das Maß geblieben wäre. Der Tuchhändler hätte sich bedankt, wenn er seinem Kunden statt Meterware 0,0000001 Nordpol-Äquatorlängen des Nullmeridians anpreisen hätte müssen. Also irgendein einigermaßen praktikabler Maßstab musste her, damit Alois und Harry sich einen Meter gut vorstellen können. Und ich ein kleines bisschen.

Irgendeiner aus dem „Meter-Komitee“ dachte wahrscheinlich an den letzten Hecht, den er aus der Seine gezogen hatte, und schätzte, dass dessen Körperlänge passen könnte. Von der Nordpol-Äquatorlänge auf die Hechtlänge zu kommen, war für einen Mathematiker kein großes Rätsel oder in diesem Fisch-Fall: Grätsel.

Einen Hechtsprung später war klar: Zehn Millionen Hechte hintereinander reichen vom Nordpol bis zum Äquator. Faktor zehn Millionen also. Jetzt war es natürlich nicht so, dass da jemand ein Kabel oder einen Bindfaden vom Nordpol bis zum Äquator gelegt und den dann in zehn Millionen gleiche Stückchen geteilt hätte. Versuchen Sie das einmal entlang der Erdkrümmung verwindungsfrei abzulegen und machen Sie sich dann an die Sisyphos-Aufgabe, das in zehn Millionen gleich große Stücke abzulängen. Das musste anders funktionieren.

Hilfreich waren wieder einmal die Astronomen. Die waren es ja auch, die den gesamten Globus schon berechnet hatten, die hatten Tricks auf Lager, mit denen es weder Hecht noch Bindfaden brauchte. Das Zauberwort heißt Triangulation. Damit lassen sich Entfernungen sehr exakt bestimmen. Wer jetzt aber glaubt, die Herrschaften hätten da vom Nordpol bis zum Äquator trianguliert, der liegt auch schon wieder um Meter daneben. Nein, um Kilometer. Denn in diesem Fall war es eine Teilstrecke entlang des Nullmeridians, von der aus hochgerechnet wurde. Es war die Entfernung von? Genau. Von Barcelona bis Dünkirchen. Was denn sonst.

Also dann: Barcelona – Dünkirchen umgelegt auf Nordpol – Äquator, dividiert durch zehn Millionen und schon ist er fertig, der Meter. Damit er ihnen nicht mehr entkommen konnte wie ein glitschiger Hecht, gossen ihn die französischen Vermesser 1799 vorsichtshalber in Platin. 1875 einigten sich immerhin 17 Staaten darauf, dass dieser Urmeter amtliche Gültigkeit haben sollte. 1899 wurde noch einmal nachgebessert, aber nur beim Material, der Ur-Meter bestand fürderhin aus einer Platin-Iridium-Legierung. 30 Kopien wurden meterweise an die Länder ausgeliefert. Der ur-kompliziert ermittelte Urmeter, gelagert im Normungsinstitut im Pariser Stadtteil Sèvres, war dann per Definition „Der Abstand der Mittelstriche der auf dem Urmeterstab in Sèvres angebrachten Strichgruppe bei null Grad Celsius."

Hmm. Bei null Grad – wie genau ist das? Was ist, wenn das Thermometer lügt? Und wo ist die Mitte beim Mittelstrich? Und was, wenn der Urmeter schrumpft? Wer misst das wie? Diese Fragen beschäftigten Physiker von Anfang an. Wirklich exakt ist anders. Deshalb musste eine Naturkonstante her, der es egal ist, wie warm es ist und wo gerade gemessen wird. Fündig wurden deutsche Techniker beim Licht.

Sie fanden heraus, dass ein Atom ein Licht mit einer genau bestimmbaren Wellenlänge aussendet. Demnach wurde der Meter ab 1960 so definiert: Er ist das „1.650.763,73-fache der Vakuumwellenlänge des Lichts, das von einem Krypton-86-Atom ausgesandt wird". Sie können, müssen das aber jetzt nicht genau nachrechnen. Was Ihnen bekannter vorkommen dürfte, ist die Berechnung des Meters über Laserstrahlen. Dazu müssen Sie nur wissen, dass sich Licht im Vakuum mit einer Geschwindigkeit von 299.792.458 Metern pro Sekunde ausbreitet. Das heißt im Umkehrschluss, dass ein Meter exakt jene Distanz ist, die das Licht im Vakuum in einer 299.792.458-tel Sekunde zurücklegt. Also für das Licht ist ein Meter ur-kurz. Wenn Sie sich einen Laser-Entfernungsmesser kaufen, dann beruht der darauf, dass das kleine Gerät misst, wie lange das Laserlicht zum Objekt und wieder zurück benötigt. So einfach ist das. Das wird den Ur-Meter ein wenig ärgern, dass er, der so viele Jahrzehnte als Maß aller Längen selbstbewusst die Norm vorgab, von der Lichtgeschwindigkeit um Längen geschlagen wurde.

Oft ist es ohnehin nicht so wichtig. Als ich mit dem Fernglas in laservermessenen 410 Metern Entfernung ein Tier sehe und nicht erkenne, frage ich Alois, was das sein könnte.

„Rotwild, Hirsch", kommt es wie aus dem Gewehrlauf geschossen.

„Wieso weißt du das?"

„Weil man auf diese Entfernung alles andere nicht mehr sieht!"

An diese Logik habe ich nicht im Entferntesten gedacht. Vielleicht wäre genau ich der Kandidat, der den Bindfaden vom Nordpol bis zum Äquator legt und dann in zehn Millionen Abschnitte zerhäckselt. Dann könnte ich die Entfernung vielleicht besser schätzen. Nein, ich nehme das coole Fernglas mit dem Laser. Wozu hätten sich denn sonst unsere Vorfahren angestrengt? Ich bin ihnen dankbar für jeden Meter, den sie für mich, für uns alle geschafft haben.

GIGANTOMANIE

Klong. Klongklong. Klong. Langsam klettert der Materiallift nach oben. Sicherungsseile schlagen immer wieder an die Kabine. *Klong. Klongklong. Klong.* Nach fünf Minuten haben wir die Hälfte des Pfeilers erreicht. Ich blicke über das Meer. Jetzt beginnt der blecherne Kasten zu vibrieren, es rüttelt, unter meinen Füßen ein Gitterrost, sonst nichts. *Klong.* Ächzend und quietschend geht es weiter nach oben. Der Wind jault immer heftiger um die kleine eiserne Zelle. Ein rasselndes Geräusch, plötzlich ein Ruck – wir sitzen fest. Mein Begleiter schiebt eine waagrechte Sicherungstür aus Stahldraht ausei-nander.

„Willkommen am höchsten Punkt Dänemarks!"

Wir stehen auf einem Brückenpfeiler im Öresund, der Meerenge zwischen Dänemark und Schweden, 204 Meter über dem Meer. Hier entsteht die weltweit längste Schrägseilbrücke für Schiene und Straße. Die Gesamtlänge des Brückensystems misst 7845 Meter, ein gigantisches Bauvorhaben, das die modernste Technik an ihre Grenzen bringt.

Gerade ist Arbeitspause, der Wind ist zu stark, ganz oben am Pfeiler pfeift er uns heftig um die Ohren. 2,6 mal 5,8 Meter misst die Plattform, auf der wir stehen. Von hier weg werden die Stahltrossen gespannt, die später Straßen und Gleisanlagen tragen müssen. Die riesigen Seile werden vor Ort aus Stahldraht zusammengeflochten. Jeder einzelne Draht hat eine Tragfähigkeit von drei Tonnen, für ein Tragseil müssen exakt 18.648 Drähte ineinander verflochten werden, haben Statiker berechnet. Am Ende hat das Seil ein Gewicht von 10.000 Tonnen.

„Irgendwann ist der Punkt erreicht, wo das Material sein eigenes Gewicht nicht mehr tragen kann. Hier sind wir mit Stahl am Limit, wenn wir noch mehr Traglast wollen, müssen wir auf Kohlefaser oder anderes umsteigen", sagt mir der Projektleiter auf der Baustelle.

Mit Hydraulikpressen werden die Seile so gut es geht komprimiert, fatal wären Hohlräume, in denen sich Rost bilden kann. Die eisernen

Gürtel schieben sich Meter für Meter über die Trossen, am Ende sind sie 85 Zentimeter dick.

Transportschiffe liefern eine Autobahn aus Stahl an, zerlegt in 140 Meter lange Teilstücke. Diese müssen jetzt an die Trageseile gehängt werden, jedes Stück wiegt 2000 Tonnen. Um sie nach oben zu bringen, wurde eigens für dieses Bauwerk ein schwimmender Schwerlastkran gebaut. Svan, der Schwan, ist sein klingender Name, er kann 8000 Tonnen heben. Nicht nur ein paar Meter. Weil große Schiffe unter ihr durchfahren werden, muss die Brücke eine Durchfahrtshöhe von 57 Metern haben. Am Ende wird die Fahrbahn dreißig Meter breit sein, darunter liegen die Eisenbahntrassen, die Gesamthöhe der Konstruktion beträgt deshalb elf Meter.

Wie auf einer Wäscheleine hängen die Konstrukteure einen Abschnitt nach dem anderen ein. Oben, von der großen Stütze, sieht es fast wie Lego aus; nur daran, wie langsam alles geht, erkennt man, dass hier riesige Massen in Bewegung sind. Der Pfeiler, auf dem wir stehen, ist ganz oben um exakt 65 Millimeter weiter vom nächsten Pfeiler entfernt als unten an der Basis. Techniker haben die Erdkrümmung mitberechnet. So fahren wir also ganz leicht schräg wieder nach unten. *Klong. Klongklong. Klong.*

Um die Verbindung von Kopenhagen nach Malmö zu schaffen, reicht die Konstruktion nicht aus. Weil eine weitere Brücke den Flugverkehr nach Kopenhagen behindern würde, da die Anflugschneise in diesem Bereich sehr tief liegt, entscheidet sich die Bauleitung für einen Unterwassertunnel. Auf einer Länge von 3,5 Kilometern sollen Tunnelelemente auf den Meeresboden abgesenkt und verbunden werden. Eine Herkulesaufgabe. Die Ingenieure entscheiden sich, die Elemente auf einem Trockendock vorzufertigen. Mit einer Länge von 176 Metern, einer Breite von 38,8 Metern und einer Höhe von 8,8 Metern sind sie die längsten Tunnel-Fertigbauteile der Welt. In ihnen sind zwei Röhren für den Straßenverkehr und zwei für den Zugverkehr abgeteilt. Hunderttausende Tonnen Beton und Stahl werden verarbeitet. Dann werden die Röhren an beiden Enden mit Dichtungen und Stahltoren verschlossen.

Als der große Tag kommt, halten wir den Atem an: Das gesamte Dock wird geflutet. Viele Stunden lang stürzen Wassermassen in das Becken. Langsam beginnt sich das Bauteil zu heben – es schwimmt! Auch hier haben die Berechnungen wieder gestimmt. Gerade so hält sich das 55.000 Tonnen schwere Element über Wasser, knapp ein Meter der Konstruktion ist zu sehen. Jetzt kommen holländische Schwerlast-Schlepper zum Einsatz. Sie ziehen die Bauteile langsam bis zur vorgesehenen Position. In den schwimmenden Betonröhren sind Arbeiter, sie kontrollieren, ob Wasser eindringt. Ein Notausstieg nach oben ist immerhin vorhanden …

Wie will man jetzt dieses schwimmende Ungetüm auf den Meeresgrund bringen? Die Konstrukteure haben natürlich daran gedacht. In die Elemente eingelassene Ballasttanks werden jetzt langsam geflutet. Durch das zusätzliche Gewicht sinkt der Gigant langsam nach unten. Ein Riesenkran führt ihn exakt an den vorgesehenen Punkt – hier geht es aufgrund des Wassers nicht so sehr um das Gewicht, sondern um eine präzise Verankerung. Zwanzig dieser Bauteile werden so Stück für Stück auf den Meeresboden in knapp zwanzig Meter Tiefe gebracht. Aber wie wollen die Ingenieure jetzt die Elemente verbinden? Jedes der Teile hat vor den geschlossenen Stahltoren einen Vorbau, so entsteht ein wassergefüllter Zwischenraum. Über eingebaute Ventile saugen riesige Pumpen das Wasser ab, es entsteht ein Unterdruck. Jetzt sorgt der Wasserdruck am anderen Ende dafür, dass die Tunnelstücke aneinandergepresst werden.

Der Bauleiter lächelt mich an: „Im Wesentlichen nutzen wir da einfach die Kräfte der Natur, wie sie sind. Das ist nicht so kompliziert."

Schließlich kann ein Stahltor nach dem anderen entfernt werden, der Tunnel wächst in die Länge. Alles nicht so kompliziert. Wenn ich mir überlege, wie viel Wissen, wie viel technisches Verständnis diese Verbindung von Dänemark nach Schweden möglich gemacht haben, dann stimmt der Satz wohl ganz und gar nicht. Doch wie so oft lerne ich von denen, die am meisten wissen, die größte Bescheidenheit.

Tag für Tag nutzen an die 70.000 Kraftfahrzeuge die neue Verkehrsverbindung, Züge rollen unter ihnen durch. Oben fahren sie auf der weltweit größten Brücke für kombinierten Straßen- und Zugsverkehr. Wenn sie im Tunnel unterwegs sind, gleiten große Schiffe über sie hinweg, bis zu acht Meter Tiefgang sind erlaubt. Auf drei Ebenen bewegen sich also Menschen durch die Elemente, fahren kreuz und quer übereinander.

Wie viele der Passagiere sich wohl Gedanken machen, welche technische Meisterleistung ihnen die Passage ermöglicht? Die beteiligten Statiker, Tiefbau- und Hochbauingenieure, Materialspezialisten, Architekten, Arbeiter, die in schwindelnder Höhe Seile verlegen und im Tunnel die Verschraubungen sichern – was für ein Wissen der Menschheit wurde hier zusammengetragen! Bei einer kurzen Schlussbesprechung sehen sie mir an, dass ich beeindruckt bin. Ja, sie sind auch stolz.

„Wir sind ein Team, wir sind das Team Mensch“, sagt einer, setzt sich den weißen Helm auf und verschwindet auf der Baustelle.

ALPINER LAUSCHANGRIFF

Die Scheune an einem Waldrand oberhalb der steirischen Stadt Leoben ist klein und unscheinbar. Man würde landwirtschaftliche Geräte hier vermuten oder Futtervorräte. Doch unter dem steilen Schindeldach ist High-Tech verborgen. Ein hochsensibler Erdbebensensor in dem kleinen Gebäude registriert jede kleinste Erschütterung der Erde. Der Sensor ist Teil eines großen Messnetzes, das über ganz Österreich gespannt ist. 600 solcher Geräte sind über das ganze Land verteilt, alle 40 bis 50 Kilometer eines. Damit können Geologen in die Berge hineinhorchen, sie spüren den Puls der Alpen.

Ursprünglich wollten Forscher damit den Untergrund der Gebirgszüge erkunden, sehr bald aber erkannten sie, dass ihnen die Messungen wertvolle andere Daten liefern konnten. Empfindliche Schwingungsmesser registrieren jede noch so kleinste Bewegung. Plötzlich erkannten die Wissenschafter Ausschläge, die sie nicht wirklich zuordnen konnten. Dann stellte sich heraus: Es waren Bergstürze, oft in Höhlen oder Stollen der Gebirge, die niemand sehen konnte. Damit war schnell klar: Man konnte Regionen erkennen, die potenziell instabil sind und wo es unter Umständen bald zu gefährlichen Abbrüchen oder Muren kommen könnte. Gemeinsam mit Kollegen aus der Schweiz wurde das Überwachungsprogramm ausgebaut.

Längst sind Geologenteams nicht mehr allein mit der Spitzhacke oder mit Hammer und Meißel unterwegs. Auch Bohrungen liefern nicht immer alles, was man wissen möchte. Dass die Erde aus einer Kruste, einem Mantel, einem äußeren Kern und einem inneren, flüssigen Kern besteht, konnte man nicht herausfinden, indem man bis zum Mittelpunkt der Erde bohrte – das funktionierte nur in der fantastischen Erzählung „Reise zum Mittelpunkt der Erde“ von Jules Verne.

„Passive Geophysik“ nennen sich die Methoden, bei denen das Magnetfeld, die natürliche elektrische Leitfähigkeit und die Schwerkraft ausgewertet werden, um so Rückschlüsse auf das Erdinnere ziehen zu können. Die „aktive Geophysik“ legt anders los.

Wird zum Beispiel nach Thermalquellen oder Gas gesucht, fahren schwergewichtige Lastautos auf und bringen sich in Stellung. Ähnlich wie die hydraulischen Stützen eines Kranwagens werden unter den LKW schwere Platten auf den Boden gesenkt. In einem Messwagen lösen Techniker Rüttelbewegungen aus, die synchron ablaufen. Je nach Bodenbeschaffenheit wird die Rüttelfrequenz angepasst, um optimale Ergebnisse zu bekommen. Wichtig ist, welches Echo aus dem Untergrund kommt. Dieses wird von Geofonen aufgefangen, die im Gebiet verteilt wird, nicht selten sind das mehrere Hundert. Aus den gesammelten Daten werden dann dreidimensionale Karten erstellt, die einen Blick in die Erde möglich machen, in der Regel bis in eine Tiefe von maximal fünf Kilometern.

Mein Archäologen-Freund Wolfgang Neubauer will gar nicht so tief blicken. Ihm genügen fünfzig, vielleicht hundert Meter Tiefe. Maximal. Wolfgang erforscht, was im Laufe der Jahrtausende unter die Erde geraten ist. Wenn ein Bauer in Niederösterreich mit seinem Pflug an einem merkwürdigen Stein hängen bleibt, ist Wolfgang mit seinem Team zur Stelle. Sehr oft haben Archäologen in bestimmten Gebieten schon länger den Verdacht, dass da etwas verborgen sein könnte.

Ein Instrument hat die Arbeit der Forscher revolutioniert: das Bodenradar. Geräte schicken elektromagnetische Wellen in den Untergrund. Diese wiederum reflektieren bestimmte Schichten mit einem typischen Muster, Empfangsantennen registrieren das. Interessant wird es, wenn dieses Muster sich plötzlich ändert, zum Beispiel, weil ein größerer Gegenstand aus einem bestimmten Material besteht. Die Laufzeiten der Signale vom Sender zum Gegenstand und zurück zum Empfänger lassen Rückschlüsse darauf zu, wie weit entfernt ein Objekt ist, also wie tief es in der Erde steckt. Ganz ohne Schaufel und Spitzhacke entdecken Archäologen so Gebäude oder ganze Siedlungen, die dann freigelegt werden können.

Mit dieser Methode hat Wolfgang Neubauer die Umgebung der legendären Bauten von Stonehenge kartiert und in 3D-Animationen umgerechnet. Ein fantastischer Blick in die Steinzeit. Auch im österreichischen Carnuntum konnten die Wissenschafter mithilfe des Radars Sensationelles enthüllen. Aus den Daten ließ sich mit dem neuen Messsystem eine vollständige Gladiatorenschule rekonstruieren.

In Norwegen untersuchten die Forscher die Umgebung eines mysteriösen Hügels. Ein 23 Meter langes Wikingerschiff war dort offensichtlich mit einem wichtigen Stammeshäuptling begraben worden. Untersuchungen der Flächen rund um das Grab brachten elektronisch zutage, dass der Meeresspiegel während der Wikingerzeit um vier Meter höher gelegen war als heute. Im Bereich des Schiffes war ein Handelsplatz mit Zugang zum Meer.

Die Datenerfassung für solche Erkenntnisse wurde immer schneller. Mittlerweile kartieren routinierte Teams mit dem Bodenradar drei bis vier Hektar pro Tag. Auf wendigen Quads sind zwei Meter breite Messbalken montiert, alle 25 Zentimeter ist ein Sensor angebracht. Damit werden größere Flächen gescannt.

Noch schneller geht es mit Magnetfeldmessungen. Ein wenig Magnetismus steckt in allem, auch in uns. Wenn ein Ziegel, ein Stein, ein Schwert, was auch immer, seinen Magnetismus abgibt, stört es das natürliche Magnetfeld der Erde. Das wiederum kann man mit der Geo-Magnetik messen. Und zwar schnell. Pro Tag können bis zu zehn Hektar kartiert werden.

Immer öfter werden solche Geräte auf leistungsfähigen Drohnen montiert, die eine schnelle Übersicht liefern. Besonders über Schnee und Eis liefern Georadarsysteme aus der Luft gute Daten. In einem Land wie Österreich ein großer Vorteil. Sehr oft arbeiten Geophysiker und Archäologen zusammen, um zu den besten Ergebnissen zu kommen. Spezialisten der GeoSphere Austria, die früher ZAMG geheißen hat, haben einen besonders guten Ruf in der Szene.

Sie waren es auch, die für ein Projekt Mess-Sensoren an der tiefsten Stelle des Traunsees installierten und auswerteten. Hydrofone hörten den See ab. Viel tat sich nicht – aber ein fernes Erdbeben auf den Fidji-Inseln sorgte für ein Rumoren, das von den feinen digitalen Ohren erkannt wurde. Im Zusammenspiel mit den Ausschlägen von Beben-Sensoren an Land konnte so der Untergrund einer ganzen Region abgehört werden.

DER BERÜHMTESTE STALL SEIT BETHLEHEM

Es soll ja schon öfter einmal ein Schaf vor einer Kamera gestanden sein. Was sich an diesem kühlen Februarvormittag des Jahres 1997 im kleinen schottischen Dorf Roslin abspielt, haben nur wenige Filmstars erlebt. In einem kargen Raum tummeln sich ein Dutzend internationale Fernsehteams und unzählige Fotografen, es wird um die besten Plätze gekämpft.

Objektive knallen aneinander, Mikrofone überkreuzen sich, Kameraleute behaupten fluchend mit gespreizten Ellbogen ihren Platz. Ist das der Stall von Bethlehem, ist da vorne Jesus? Oder Maria? Nein, natürlich nicht.

Endlich erhasche ich einen Blick: Da vorne steht sie, blinzelt unsicher in die Kameras, aber Lächeln, nein, Lächeln schenkt sie uns keines. Kein Wort kommt über ihre Lippen – da: Sie leckt sich mit der Zunge über die Oberlippe, wirft den Kopf zurück und endlich, endlich: „Määääh!"

Eine hektische Reporterin raunt ihrem Kameramann zu: „Hast du das eh aufgenommen?"

Er seufzt genervt, blickt sie säuerlich an und schwört: „Jedes Wort!"

Jetzt wird es wirklich unruhig im Stall: Sie bewegt ihre Beine! Ihre schlanken Fesseln waten grazil durch das Stroh. Im Scheinwerferlicht steht Dolly, das erste Klonschaf der Welt. Ich hatte Monate davor erfahren, dass das Experiment geglückt war. Aber man wollte die Sensation der Welt in einer großen Show präsentieren und damit Schlagzeilen machen. Das war gelungen.

Ein Kollege unseres Partnersenders BBC war schon einige Tage vorher auf der Farm gewesen und hatte gefilmt – einem britischen Team wurde in Schottland eben ein exklusiver Zugang geboten.

„Es war so friedlich – und jetzt schau dir an, was sie mit dem armen Viech aufführen", raunt er mir zu. Er hat recht, aber ich kann nicht ohne Aufnahmen zurück nach Österreich kommen, ich bin hier, um eine Reportage zu machen.

Dann betritt Ian Wilmut den Stall, er führt die Forschergruppe an, die das Schaf erfolgreich geklont hat. Die Wissenschafter hatten diese bereits ausdifferenzierte spezifische Euterzelle zurückprogrammiert auf eine Stammzelle, aus der ein ganzer Organismus von Grund auf entstehen konnte.

In eine unbefruchtete, entkernte Eizelle eines Schafes hatten sie dann diese rückprogrammierte Zelle eingeschleust. Mit Elektrostimulation wurde das Wachstum angeregt. Nach kurzer Zeit wurde der entstandene Embryo im Labor einem Mutterschaf eingepflanzt. Niemandem war das zuvor gelungen. Die verwendete Zelle für die Rückprogrammierung stammte aus einem Schaf-Euter. Damit wissen Sie auch, warum das Schaf Dolly hieß. Benannt nach der amerikanischen Country-Sängerin Dolly Parton, die berühmt ist für ihre Oberweite. In Edinburgh erzählte mir einer der Biologen bei einem Bier, das sei schön erzählt, aber eigentlich wäre es um die Erotik-Darstellerin Dolly Buster gegangen, die ohne Gesangstalent halsabwärts Berühmtheit erlangt hatte. Dem Schaf war es sichtlich egal.

Ian Wilmut, sein geistiger Vater, steht mit einem blauen Staubmantel am Rand der Stallung. Ihm ist kalt. Er reibt sich die Hände und blickt einigermaßen genervt auf die Reporterschar und die vielen Kameras. Ein knorriger Schotte, dem dieser ganze Rummel sichtlich unangenehm ist. Die Reporterin, die ihren Kameramann gefragt hat, ob er jeden Laut des Schafes dokumentiert habe, zeichnet sich gleich noch einmal aus. In einem Anfall von investigativem Journalismus der höchsten Stufe fragt sie den Wissenschafter über die Kameras hinweg: „Was frisst sie?“ Mr. Wilmut hebt die Augenbrauen, greift sich mit der rechten Hand an die Stirn, schüttelt leicht den Kopf und antwortet dann: „Futter!“

So banal und unbedarft manche Fragen bei diesem Schaf-Auftrieb waren, so gigantisch schossen in den Medien die Meldungen über die neue Technik ins Kraut. Auf Titelseiten sah man schon die scheinbar neue Welt, in der so gut wie alles kopiert werden könne. Marilyn

Monroe für die Schönheit, Albert Einstein für die Klugheit und – unvermeidlich für die Sensationspresse: Adolf Hitler für das Böse.

Nichts konnte weiter entfernt sein als das. Wissenschaftlich gesehen hatten die schottischen Forscher eines bewiesen: Man konnte ausdifferenzierte Zellen wieder auf ihren Urzustand „zurückdrehen" und daraus Leben wachsen lassen. Das Team rund um Ian Wilmut hatte selbst nicht daran geglaubt. Eine Mitarbeiterin erinnerte sich später, wie Wilmut ihr in der Institutskantine gesagt hatte: „Ich glaube nicht daran, aber die Pharmafirma zahlt, also machen wir es."

Das zeigt sehr deutlich, wie sehr hier auch wirtschaftliche Interessen eine Rolle spielten. Weil eine andere vorgesehene Zell-Linie wegen einer Verunreinigung im Labor unbrauchbar war, beschlossen die Forscher, mit den Euterzellen zu arbeiten, die im Institut gerade zur Verfügung waren. 277 solcher Zellen hatte eine Labortechnikerin auf Lager, am Ende entstanden aus 29 davon Embryos in einem frühen Stadium. Die wurden dann Leihmütterschafen eingepflanzt. Von diesen 29 schaffte es genau ein Embryo bis zur Geburt: Dolly.

Meldungen über geklonte Rinderherden, ja sogar geklonte Menschen, wie ein südkoreanischer Forscher behauptete, entpuppten sich sehr schnell als falsch. Es wurden Hoffnungen geweckt oder Horrorszenarien entworfen, je nach Bedarf. Das ist eines der Hauptprobleme für Wissenschafter, wenn ihre Arbeiten in die Öffentlichkeit geraten und interpretiert werden. Ian Wilmut und sein Team gaben innerhalb weniger Monate an die 2000 Interviews – man kann sich vorstellen, dass nicht alles seriöser Aufklärung und Einordnung diente. Dazu kamen Anfragen von Menschen, die ihre Lieblingshunde geklont haben wollten oder meinten, die schottischen Forscher könnten jetzt auch eine Erbkrankheit heilen.

Die Euphorie ist längst verflogen. Zum einen wurden Forschungsteams immer wieder Grenzen aufgezeigt, weil die Technik nicht in der Form reproduzierbar war, um es zu einem Standardverfahren machen zu können. Die Erfolgschancen liegen im niedrigen einstelligen Prozentbereich. Das ist schlicht und einfach zu wenig. In Ländern mit einer soliden Forschungslandschaft wachen Ethik-Kommissionen über die Versuche – die Betrugsserien nach der Dolly-Sensation haben deutlich gemacht, wie wichtig es ist, solche Forschungszweige zu reglementieren.

Dolly wurde eingeschläfert. Im Februar 2003 entschlossen sich die Wissenschafter, ihr ein friedliches Ende ohne Leiden zu bereiten, nachdem sie schwerwiegende irreparable Schäden in der Lunge entdeckt hatten.

Ian Wilmut, ihr Erfinder, starb im September 2023 mit 79 Jahren. Mit allen Ehren – die Queen hatte ihn 2007 zum Ritter geschlagen. Dolly steht im schottischen Nationalmuseum auf einem kleinen Sockel mit Stroh. Sie blinzelt nicht mehr in die vielen Kameras, die ihr nachstellen. Stoisch und starr blickt sie nach rechts in eine Zukunft, die sie mitgeprägt hat. Sie ist umgeben von einem Gehäuse aus Plexiglas. Zu viele Besucher hatten ihr Büschel von Wolle ausgerissen, um ein Stück Geschichte in Händen zu halten.

DER MIT DEM WOLF TANZT

Klaus Hackländer ist ein toller Wissenschafter und ein sehr netter Mensch. Es wäre wirklich schade um ihn gewesen. Aber – wie schön – er ist noch gesund unter uns. Dabei hätte es anders kommen können. Denn als er eines Tages durch die Brohmer Berge in Mecklenburg-Vorpommern streift, sieht er Spuren von zwei Wölfen im Schnee – und er ist allein im Wald – ohne Mobilfunk-Verbindung …
Biologen sind es gewohnt, mit Tieren umzugehen. Sie haben Respekt, aber keine Angst vor den Lebewesen, denen sie ihre Forschung widmen.

Vor allem bei Menschen, die ohne wissenschaftliche Ausbildung volles Risiko gehen, gibt es aber immer wieder kritische Situationen. Manchmal endet es leider auch fatal, wie im Falle des bekannten Tierfilmers Steve Irwin, der als „crocodile hunter" weltweit bekannt wurde. 2006 war er mit einem Kamerateam am australischen Great Barrier Reef und filmte einen Stachelrochen. Vermutlich, weil er ihn für einen angreifenden Hai hielt, attackierte der Rochen Steve Irwin und stach dem 44-Jährigen mehrmals ins Herz. Jede Hilfe kam zu spät, Irwin starb wenige Minuten später. Unterschätzt wird sehr oft, wie schnell es gehen kann, obwohl die Tiere vertraut und friedlich scheinen.

13 Jahre lebte Timothy Treadwell in Alaska unter Grizzlybären. Mit Büchern und Filmen war er berühmt geworden, er setzte sich für den Schutz der Tiere ein. „Zu naiv, zu sorglos", wie Wissenschafterinnen und Forscher immer wieder warnten. Treadwell schlug alle Warnungen in den Wind, ignorierte die Bedenken und nahm schlussendlich auch seine Freundin in sein Camp mit, wo er den Bären unter anderem Lieder vorsang. Er wollte auch Gefühle in den Gesichtern der Tiere erkannt haben, was jeglicher wissenschaftlicher Erkenntnis widerspricht.

Das ging gut bis zu einem Oktobertag im Jahr 2013. Treadwell filmte an diesem Tag einen offensichtlich alten Bären, der im Fluss nach Lachskadavern suchte. Wahrscheinlich war das Tier nicht mehr kräftig genug, um selbst zu jagen. Einige Stunden später sind auf Videoaufnahmen Schreie von Treadwell zu hören, der offenbar von einem Bären attackiert wurde.

Seine Freundin hat in Panik vergessen, den Objektivdeckel von der Kamera zu nehmen, deshalb sind es nur Tonaufnahmen. Treadwell ruft seiner Freundin noch zu, sie solle flüchten, dann hört man auch Schreie von ihr – sechs Minuten dauert der Kampf, dann sind beide tot.

Nationalpark-Ranger, die am Unglücksort eintreffen, müssen noch zwei Bären erschießen, die sich an den Überresten zu schaffen machen und aggressiv werden. Der Filmemacher Werner Herzog machte daraus einen Kinofilm. Die letzten Minuten auf dem Video, so sagt er, seien unerträglich und er verlangt, dass sie unwiederbringlich gelöscht werden.

Sich in Gefahr zu begeben, ist das eine. In vielen Fällen ist der Umgang mit Tieren unvermeidlich. Es bleiben Tiere, auch im Zoo. Im Schönbrunner Tiergarten wurde im März 2002 eine Tierpflegerin von einem Jaguar mit einem Genickbiss getötet, im Februar 2005 tötet der junge Elefantenbulle „Abu" einen Pfleger, indem er ihn an einer Wand erdrückt. 2023 wurde im Salzburger Zoo eine junge Tierpflegerin von einem Nashornweibchen getötet. Es waren erfahrene Fachkräfte, die trotzdem überrascht wurden. In einer Umgebung, die sie kannten, in Situationen, die ihnen vertraut waren.

Für Laien ist es in freier Wildbahn schwer abschätzbar, was auf sie zukommen könnte. Das gilt besonders für Raubtiere, mit denen Menschen in Zentraleuropa in den letzten Jahrzehnten nur in den wenigsten Fällen konfrontiert waren. Die Wiederansiedelung von Bären und Wölfen ist deshalb eine große Herausforderung für die Gesellschaft. Besonders der Wolf ist über Märchen, Sagen und Überlieferungen zu einem Mythos geworden, dem viel Skepsis entgegengebracht wird.

Einer, der mit dem Wolf auf Du und Du ist, heißt Klaus Hackländer. „Er ist da: Der Wolf kehrt zurück" ist ein Buch, das er über Meister

Isegrim geschrieben hat. Der Wildbiologe weiß, wovon er berichtet. Boulevardmedien hingegen nicht immer so ganz. Im September 2017 wird in Nordgriechenland eine britische Touristin offensichtlich von Tieren getötet. Der tragische Fall wurde bis heute nicht endgültig geklärt, doch die einschlägigen Redaktionen wussten innerhalb von Stunden, was vorgefallen war. „Universitätsprofessorin von Wölfen zerfleischt" berichtete, wie immer um einige Blutlachen voraus, die englische *Daily Mail.* Da konnte die Jagdgesellschaft der deutschen Chronikberichterstattung nicht zurückbleiben: „Urlauberin von Wölfen zerfleischt. Kann das auch in Deutschland passieren?", fragte sich – wie immer sorgenvoll um das Heil der Leserschaft bemüht – die *BILD-Zeitung.* Zur Abwehrschlacht gegen den bösen Wolf hatte man einen Tipp parat: „In die Hände klatschen, sich aufrichten, sich groß machen – dann wird er verschwinden."

Da hat es der groß gewachsene Klaus Hackländer freilich leicht. Zur Sicherheit hebt er einen Stein auf und sucht sich einen Stock, als er die Wolfsspuren erblickt. Denn die Empfehlungen der *BILD-Zeitung* gelten nur, wenn man einem einzelnen Tier begegnet. Die Sache ging gut aus, es passierte nichts.

„Das wäre natürlich schon ein Hit gewesen", sagt er mir. „Das wäre doch mal eine Schlagzeile: ‚Er wollte nur ihr Bestes: Führender Wolfsexperte von seinen Lieblingen gefressen.'"

Aber *BILD* spendet Trost: „Wölfe sind eher dafür bekannt, Rehwild oder Schafe zu reißen. Dies ist die natürliche Nahrung für die Rudeltiere." Universitätsprofessoren stehen demnach nicht wirklich am Speiseplan. Aber Ausnahmen bestätigen bekanntlich die Regel. Also: Glück gehabt, Klaus.

DOSENFUTTER FÜR DRACHENKINDER

Ritter und Drachen gingen selten eine friedliche Koexistenz ein. Zumindest entsteht dieser Eindruck, wenn man sich mit den großen Versepen des Mittelalters auseinandersetzt. In den meisten Fällen war der Drache ein Wesen aus der unheimlichen und gefährlichen Gegenwelt des Helden, mit dem er kämpfen musste, um entweder eine Frau für sich zu gewinnen oder um seinen Mut unter Beweis zu stellen.

Mittelhochdeutsche Dichter legten sich bei den Beschreibungen dieser furchterregenden Kreaturen ordentlich ins Zeug: Zur Standardausrüstung gehörten ein kräftiger Schwanz, scharfe Zähne und Krallen sowie die Fähigkeit, Feuer zu speien. An Extraausstattung konnten Hornschuppen, ein grüner Bauch, rote Augen, gelbe Flanken, Maultierohren, ein Hahnenkamm, Greifenbeine, zwei Flügel – in der Farbe von Pfauenfedern – und übler Mundgeruch dazukommen. Ihre Gefährlichkeit forderte den gegen sie kämpfenden Rittern alles ab und brachte diese an den Rand des Todes. Dem einen wird das Kettenhemd zerbrochen, als ob es aus Strohhalmen geflochten wäre, woraufhin der Wehrlose gewürgt wird, bis ihm Blut aus Nase und Ohren dringt; der andere fällt, umnebelt von den Ausdünstungen der Drachenzunge, in voller Rüstung ins Wasser und liegt dort halb tot einen Tag und eine Nacht lang.

Sogar Gawein, der vorbildlichste Ritter an König Artus' Tafelrunde, hat seine liebe Not mit der „Teufelsbrut“: Ein besonders aggressives Exemplar vernichtet seinen Schild durch einen Feuerstoß aus seinem Rachen und zerfetzt mit messerscharfen Krallen seinen Harnisch „wie ein dünnes Blatt“, ein anderes verbrutzelt sein gesamtes Equipment – Schild, Rüstung und Pferd – und lässt die Klinge seines Schwertes schmelzen. Doch Gawein ist das Maß aller Dinge in Bezug auf herausragende Charaktereigenschaften, er ist der „waltswende“, der „Waldverschwender“, weil er bei Turnieren unzählige Lanzen aus besonders splitterfreudigem Holz verbraucht; er ist auch die Norm, wie mit Drachen umzugehen ist: Sie müssen getötet werden.

Fabelwesen oder reale Tiere? In der mittelhochdeutschen Dichtung stehen diese Geschöpfe meist für das Böse, das die Gesellschaft bedroht, und werden deswegen mit dem Teufel assoziiert oder selbst als „Höllenbrut“ bezeichnet. Doch welchen Sitz hatten Drachen in der Lebenswelt des Mittelalters? Glaubte man an deren Existenz? War die Literatur auf Kollisionskurs mit den Naturwissenschaften?

„Wir sind Zwerge, die auf den Schultern von Riesen sitzen.“ Dieses Sprachbild des Naturphilosophen Bernhard von Chartres aus dem frühen 12. Jahrhundert charakterisiert das Selbstverständnis mittelalterlicher Gelehrter: Aufbauend auf dem großen Wissensschatz vergangener Epochen sind sie imstande, ihre eigenen bescheidenen Beiträge zur Wissenschaft zu leisten.

Und wenn der bedeutende römische Schriftsteller Plinius der Ältere in seiner Naturgeschichte Drachen beschreibt – wer wagt zu zweifeln, dass es sie tatsächlich gibt? Als Sekundant tritt ihm sogar ein Heiliger zur Seite. Der Kirchenvater Isidor aus Sevilla verortet die Kreaturen in Indien und Äthiopien, wo sie in Höhlen leben, am liebsten Elefanten auflauern, sie mit ihrem kräftigen Schwanz umschlingen und ersticken. Im Hochmittelalter tummelten sich folgerichtig Drachendarstellungen in den damals beliebten Bestiarien, das sind Tierdichtungen, die Naturkunde mit christlicher Deutung verbinden. Größer als alle anderen Lebewesen seien sie, nicht besonders giftig, aber äußerst gefährlich durch den Schwanz, mit dem sie tödliche Schläge austeilen.

Noch am Ende des 15. Jahrhunderts hat der Drache seinen festen Sitz in rein naturwissenschaftlich ausgerichteten Werken wie dem „Garten der Gesundheit“. Hingebungsvoll berichtet der Autor, dass diese furchterregenden Geschöpfe durch ihren stinkenden Atem die Luft verpesten und aufgrund ihrer eigenen hohen Körpertemperatur kühle Schluchten aufsuchen. Sobald es jedoch zu regnen beginnt, erheben sie sich auf gewaltigen Flügeln zum Himmel, außerdem fressen sie Skorpione, um ihre eigene Giftigkeit zu erhöhen. Doch kein Schaden ohne Nutzen: Sollte einem jemals ein Drache über den Weg laufen, kann man ihn zu medizinischen Zwecken verwenden. Zunge und Leber in Wein gekocht vertreiben Dämonen aus dem Körper, ihr durchsichtiges Fleisch verschafft denen, die es essen, Kühlung.

Jahrhunderte vergehen, die Naturwissenschaften machen große Fortschritte, allerdings: Das Ungeheuer ist gekommen, um zu bleiben, und wird zur gesuchten Rarität. Bewundernd erzählte man vom italienischen Arzt und Biologen Ulisse Aldrovandi, er habe die größte Drachensammlung seiner Zeit besessen. Das Glanzstück daraus war ein 1572 in Bologna entdecktes Exemplar mit zwei Beinen, grünen Schuppen und langem Schwanz, das von einem Bauern erschlagen worden war, nachdem es seine Ochsen angefaucht hatte. Obwohl Aldrovandi vergleichbaren Funden kritisch gegenüberstand und sie als Fälschungen aus getrockneter Rochenhaut entlarvte, beharrte er auf der Echtheit der als „Drache von Bologna" in die Geschichte eingegangenen Kreatur. Zu verführerisch war der Marketingeffekt des guten Stückes, das vermutlich eine Chimäre aus Ringelnatter, Flussbarsch und Erdkröte war, in seinem privaten Museum …

Hundert Jahre später benützte der deutsche Jesuit und Universalgelehrte Athanasius Kircher genau dieses „Kunstwerk" als Beweis für die Existenz von Drachen. In seinem Buch „Die unterirdische Welt" präsentiert er sich zuerst als Skeptiker: Lange hat er an einschlägigen Erzählungen oder gar Augenzeugenberichten gezweifelt, doch im Vertrauen auf die Integrität und Fachkompetenz internationaler Kollegen ist er zur Überzeugung gekommen: Sie leben! Und zwar in der Unterwelt, weswegen man sie so selten zu Gesicht bekommt. Akribisch unterteilt er die Gattung in zwei- und vierbeinige Drachen, mit oder ohne Flügel, und versucht die Leserschaft mit schockierenden Geschichten zu packen.

Im Jahr 1660 begab sich ein Römer in sumpfiges Gebiet, um Wildvögel zu jagen, als ihn ein geiergroßes Etwas angriff. Mit seiner Waffe durchbohrte er die Kehle des Untiers, das sogleich verendete. Der Jäger aber, entweder mit dem Blut oder dem Atem des getöteten

Tiers in Kontakt gekommen, starb in der gleichen Nacht, über und über mit grünem Gift bedeckt. Von einem mutigen Boten wurde der Drachenkopf geborgen und an Kircher gesandt, der ihn als echt einstufte. Seiner Expertise nach hausen jedoch die übelsten Exemplare, geflügelt und mit zwei Beinen, in den Schweizer Bergen. Wiederholt hätten Einheimische sie feuerspeiend von den Gipfeln des Pilatus über den See fliegen gesehen, furchterregend mit riesigen Schlangenköpfen und gelb-weißen Schuppen.

Soweit ein Auszug aus Naturwissenschaften und Medizin von der Antike bis zum Barock. In Grundzügen haben sich Dichter aus diesem Arsenal bedient, um ihre literarischen Ungeheuer zum Leben zu erwecken. Um sie dann von ihren Helden töten zu lassen. Denn die Bilanz Ritter gegen Drache fällt sehr einseitig aus: Die Kreatur ist das Hindernis auf dem Weg zur versprochenen Frau, sie ist eine Bedrohung für den Frieden und die Existenz einer Gesellschaft und muss beseitigt werden.

Sind sie chancenlos? Nicht unbedingt … König Ortnit geht auf Drachenjagd ins Gebirge, um sein Reich von der Landplage zu befreien. Zwei Tage und Nächte ohne Schlaf lassen ihn müde unter einem grünen Baum Rast suchen, doch aus Erschöpfung fällt er in tiefen Schlaf. Laub raschelt, Bäume stürzen, ein Ungeheuer mit einem Maul so breit wie eine große Tür stürzt sich auf ihn und verschlingt ihn „bis zu den Sporen“. Unverzüglich eilt der Drache in die Berge, dort warten in einer Höhle seine hungrigen Jungen. Er spuckt den Helden mitsamt seiner Rüstung aus, die Kleinen sind indes an Dosenfutter nicht gewöhnt und haben Schwierigkeiten mit der Verpackung. Die nachhaltige Lösung: Sie saugen ihn aus dem Harnisch.

HOCHSCHULE DER TRICKDIEBE

Säuerlich blickt der Kameramann auf sein Objektiv, wischt es mit einem weichen Tuch ab und schüttelt den Kopf. Der Tonassistent lässt prüfend ein Mikrofonkabel durch seine Hände gleiten und seufzt. Ich sitze auf einer Kiste, in der Filmequipment verstaut ist, und mache mir ein paar Notizen in ein kleines Buch. Nachdenklich blicke ich über die Szenerie und habe einen Kugelschreiber wie eine Zigarette im Mund. Dann höre ich ein leises Flattern. Zack! Der Kugelschreiber ist weg.

Wir sind in der Hochschule für gefiederte Trickdiebe, in der Hochschule der klügsten Vögel, wir sind in einer großen Voliere mit Keas. Die neuseeländischen Bergpapageien sind berühmt für ihre Raffinesse. Am Konrad-Lorenz-Institut in Wien drehen wir eine Reportage darüber, wie Keas ihr Wissen weitergeben, über ihr soziales Lernen. Sabine, die Biologin, hat uns vorgewarnt.

„Zuerst werden sie euch nur beobachten. Aber es wird nicht lange dauern, und sie werden sich für euch interessieren, vor allem aber für Dinge, die sie klauen oder bearbeiten können."

Bearbeiten? Wir sollten bald verstehen, was damit gemeint war. Zum Eingewöhnen stellen wir zunächst nur die Kamera in das Gehege. Nach wenigen Minuten hopst einer der Papageien wie zufällig an der Kamera vorbei. Dann nähert er sich seitlich, fast sieht er aus wie ein Tangotänzer. Jetzt hat er das glänzende Objektiv der Kamera erspäht. Mit seinem langen, vorne gekrümmten Schnabel zwickt er in den vorstehenden Plastikrand des Objektivs. Er zieht daran. Der Kameramann steht auf.

„Sind weiche Teile dabei? Die sind besonders gefährdet", meldet sich die Biologin. Der Kameramann nickt.

In der freien Wildbahn in Neuseeland zählen die Gummidichtungen in Autofenstern zu den Lieblingsobjekten der Tiere. Die ziehen sie mit ihren kräftigen Schnäbeln ab wie Spaghetti, wenn sie Zeit genug haben. Kollegen unserer Tierfilm-Abteilung haben mir Fotos von Autos gezeigt, die in den Bergen Neuseelands mehrere Wochen einer Bande von Keas ausgeliefert waren. Die Karossen sehen übel aus. Besonders gefragt: Rückstrahler und Scheinwerfer-Dichtungen.

Ein deutscher Dokumentarfilmer erzählt mir, bei ihm hätten sie Bremsleitungen so bearbeitet, dass ein Mechaniker kommen musste. Er zeigt mir ein Foto von einem Kea mit schwarzem Kopf. Der hat den Auspuff ihres Fahrzeugs inspiziert und dafür sehr tief in die Röhre geblickt. Ein anderer fand heraus, dass es ein wunderschön quietschendes Geräusch macht, wenn er mit dem Schnabel über den Lack der Fahrzeuge scheuert. Er wollte gar nicht mehr aufhören mit seiner Klangwolke, die Filmer in ihrem Wohnmobil hatten von der Morgendämmerung bis zum Einbruch der Nacht Quietschgeräusche um sich, die ihnen den Schlaf raubten. Der vollends zerkratzte Lack war ein vergleichsweise kleineres Übel.

Wir beschließen, uns zur Kamera zu stellen, um Schlimmeres zu verhindern. Mittlerweile haben mehrere Keas ihre Scheu verloren und stolzieren zwischen uns herum. Der Tonassistent packt ein größeres Mikrofon aus und stellt es auf ein Stativ. Nein, er will es auf das Stativ stellen. Dort sitzt bereits ein Kea. Unter Gekrächze räumt er widerwillig den Posten.

Wir behalten ihn im Auge – ein Fehler. Inzwischen hat nämlich ein anderer Kea das Mikrofonkabel entdeckt und nagt daran. Ihn verscheucht die Biologin mit sanften Handbewegungen. Sie hat Ablenkung mitgebracht. Sehr beliebt bei der Truppe ist ein gelbes Plastikboot, ungefähr zwanzig Zentimeter lang. Dieses gibt Sabine in eine durchsichtige Kiste aus Plexiglas. Der Deckel der Kiste ist mit einem Splint gesichert, der durch zwei Ösen gesteckt ist. An der Kiste ist eine Kurbel befestigt. Mit dieser kann der Deckel geöffnet werden, sagt uns die junge Biologin.

Einer der Keas stolziert neugierig einmal um die Kiste. Dann hüpft er auf den Deckel, zieht mit einer lässigen Kopfbewegung den Splint aus den Ösen. Wenig später dreht er mit seinem rechten Bein an der Kurbel, ein ratschendes Geräusch ist zu hören. Der Vogel vergewissert sich mit einem kurzen Blick, ob sich der Deckel zu öffnen beginnt. Dann kurbelt er abwechselnd mit dem Bein und mit seinem Schnabel. Als die Öffnung groß genug ist, hüpft er in die geöffnete Kiste, schnappt sich das Plastikboot und wirft es aus der Kiste hinaus auf den Boden. Wir wechseln Blicke mit der Wissenschafterin.

„Wie schnell hat er das gelernt?", fragen wir. Keas sind sehr kluge Tiere, mit zwei Jahren beginnen sie, andere Vögel aus der Gruppe zu beobachten und machen Dinge nach. Soziales Lernen nennt das die Forschung.

Uns fehlt das in diesem Bereich, wie wir gleich bemerken. Während wir fasziniert dem Piraten-Kea beim Aufbringen des Plastikbootes zugesehen haben, sind seine Kollegen hinter unserem Rücken auf die Idee gekommen, unsere Ausrüstung zu inspizieren. Einem hat der Schaumstoffaufsatz eines Mikrofons so gut gefallen, dass er ihn auf einem Baumast in drei Metern Höhe deponiert hat. Vielleicht will er weicher sitzen. Glücklicherweise fällt der Schaumstoff herunter, nachdem er eingehend mit dem Schnabel bearbeitet wurde. Zumindest das größte Stück von dem, was noch übrig ist. Da bemerke ich zwei andere in der Ecke des Geheges, die mit einem Spiralkabel Tauziehen üben. Das Kabel verbindet Kamera und Akkupack. Jetzt nicht mehr. Sie müssen es geklaut haben. Wir haben nur eines davon.

Ich gehe auf die beiden Vögel zu. Nicht dass einer loslassen würde. In schöner Eintracht hüpfen sie gemeinsam durch das Gelände, jeder hat ein Ende vom Kabel im Schnabel, wie ein Abschleppseil hängt es zwischen ihnen. Ich hoffe nur, sie heben nicht ab damit. Endlich wird es einem zu langweilig und er lässt das Kabel los. Jetzt mag der zweite auch nicht mehr und er lässt das Kabel fallen. Gerettet.

Gefressen wird von den Teilen nichts. Es ist der ausgeprägte Spieltrieb, der so ziemlich alles interessant macht, was irgendwie zu kriegen ist. Inspiziert wird, was nicht niet- und nagelfest ist, und, wenn möglich, irgendwohin verbracht. TV-Ausrüstung übt eine magische Anziehungskraft aus. Manches glitzert oder glänzt, in Kameralinsen spiegeln sich die Vögel, Weichteile aus Plastik oder Gummi rund herum – das Buffet ist angerichtet. Dass sie sehr schnell zutraulich, um nicht zu sagen frech sind, liegt nicht daran, dass sie in diesem Gehege Menschen gewöhnt sind.

Die Vögel waren in Neuseeland viele Tausend Jahre ohne wirkliche Feinde, Scheu kennen sie deshalb kaum. Keas sind für Biologen hervorragende Forschungsobjekte, um die Evolution besser zu verstehen. Die klugen Vögel haben sich bei widrigen Bedingungen perfekt an ihren Lebensraum angepasst. Die Berg-Papageien trotzen Schneestürmen und überleben auch bei sehr tiefen Temperaturen. Als isolierte Gruppe haben sie nicht nur viele Fähigkeiten erlernt und sogar Werkzeuge benutzt, sondern auch soziales Lernen entwickelt, also die Weitergabe von Wissen.

Durch das Beobachten eines anderen Tieres eignen sie sich über Generationen hinweg Raffinesse und Strategien an. Es muss sich unter ihnen herumgesprochen haben, dass man Fernsehteams besonders gut ausrauben kann. Auch wenn sie uns ablenken und hinterrücks bestehlen: Was sie offenbar gar nicht vertragen, ist, wenn sie nicht im Mittelpunkt der Dreharbeiten stehen. Wir beginnen im Gehege ein Interview mit einem Verhaltensbiologen. Kaum hat er begonnen zu sprechen, bricht ein Krächz-Konzert los. Das berühmte „Kiiääh“, von dem der Name Kea abgeleitet ist, wird über viele Schnäbel zu einem kreischenden Chor. Der Tonassistent schüttelt den Kopf. Der Lärm ist zu groß, wir unterbrechen.

Nach drei Anläufen, die sie allesamt niedergekrächzt haben, verlagern wir den Standpunkt, um ein verständliches Gespräch zustande zu bringen. Mit zerbeultem Mikrofon, mehreren angenagten Kabeln und zwei löchrigen Objektivdeckeln treten wir den wenig geordneten Rückzug an. Ich sehe schon das Stirnrunzeln des Technikchefs vor mir, der die zurückgebrachte Ausrüstung inspizieren wird. Erklär diesem Mann einmal, dass das alles von ein paar Vögeln demoliert wurde. Irgendwie werde ich das Gefühl nicht los, dass die drei gefiederten Strolche, die da hinten auf dem Ast ihre Köpfe zusammenstecken, über mich kichern.

NACKT AM FLUGHAFEN – DREHARBEITEN SIND TÜCKISCH

Die junge Frau am Monitor lächelt milde. Sehe ich da etwas Spöttisches in ihrem Blick? Im US-amerikanischen Boston stehe ich vor einem Gerät, das herausfinden soll, ob ich ein potenzieller Krimineller bin. Ein Messer steckt in meiner linken Socke, hinter dem Rücken habe ich mir eine Pistole in den Gürtel gesteckt. Darüber eine lange Lederjacke, in deren Innentasche eine Packung Drogen steckt. Ein Knopfdruck, das Gerät summt leise – acht Sekunden später habe ich nichts mehr an.

Möglich macht das ein Gerät, das Röntgenstrahlen aussendet und die reflektierte Rückstrahlung analysiert. Anders als ein Röntgengerät, das einen Blick in einen Körper hinein erlaubt, wird hier die Oberfläche verschiedener Objekte abgetastet. Materialien reflektieren unterschiedlich stark, Computerprogramme erzeugen daraus Bilder. Die Technik löste in den USA heftige Debatten aus. In einem Land, wo die Scheinmoral immer wieder einmal fröhliche Urstände feiert, war bald ein Weg gefunden, mit dem man das Problem lösen wollte. Statt den Körper der kontrollierten Menschen sichtbar zu lassen, wurden die gefundenen Gegenstände auf eine Comic-Figur projiziert. Auch das war den Puritanern zu wenig, die Geräte wurden verboten. Auch in Europa dürfen die Scanner auf Flughäfen nicht verwendet werden. Nicht zum ersten Mal habe ich eine Technologie am eigenen Leib ausprobiert, die später per Gesetz verboten wurde.

Ich habe auch Dinge gesehen, über die ich nicht berichten darf, weil sie unter die Geheimhaltung von Unternehmen oder Behörden fallen. Einiges ist über das Versuchsstadium nicht hinausgekommen, anderes bei der Anwendung im täglichen Alltag kläglich gescheitert. Manches war einfach nur kurios.

Für einen Film über das Essen der Zukunft drehen wir bei einem großen Konzern in der Lebensmittelabteilung. Spaghetti werden hier

Belastungstests unterzogen. Die Spannung ist kaum zu ertragen, als ein nagelgroßer Metallstab langsam auf die gekochte Nudel trifft, die auf einer Streckbank ihrer Zerreißprobe entgegenfiebert. Auf einem Bildschirm sehen wir genau, welche Kräfte an ihr zerren. Wie lange kann sie diese Pasta-Folter noch durchhalten? Unerbittlich drückt der stählerne Folterknecht gegen ihre Mitte – da passiert es. Mit einem leisen Schmatzen reißt die Nudel – auf das Vierteilen wird verzichtet.

Eine Station weiter geraten Kartoffelchips unter Druck. Eingesperrt in eine kleine Plastikröhre harren sie eines passgenauen Kolbens, der sie gnadenlos niederdrückt. Knisternd geben sie sich geschlagen, und das vor Publikum. Denn rundherum sind Mikrofone postiert – der Konzern will wissen, wie sich das perfekte Knistern der Chips im Kino oder vor dem Fernseher anhört. Lachen Sie nicht, es ist ernst.

Eine Forschergruppe, bestehend aus Holländern und Belgiern, ist der Sache hellhörig nachgegangen. Misophonie ist keine Bagatelle: Es ist die Abneigung gegen Geräusche, besonders Kaugeräusche. Sagen Sie jetzt nicht, Sie wären innerlich stets ruhig geblieben, wenn ein liebenswerter Zeitgenosse mit nervtötendem Geknacke und Geschmatze einen Apfel auf die Verdauung vorbereitet hat.

Äpfel haben uns ohnedies immer wieder einmal beschäftigt. Im steirischen Gleisdorf filmen wir eine Obstsortieranlage, wo von jedem Apfel ein Fahndungsbild erstellt wird. Hat er braune Flecken, fällt er automatisch durch eine Klappe zum Kompost. Was Sie sicher immer schon wissen wollten: Im anschließenden Wasserbad, wo das Obst in Bahnen sortiert wird, schwimmt der schnellste Apfel gerade einmal ein Fünftel der Geschwindigkeit des Weltmeisters im Kraulen. Womit wir im Wasser gelandet wären.

Als der Kassenschlager „Findet Nemo“ in den Kinos zu sehen war, sind wir der Frage nachgegangen, ob Fische sprechen können. Haie nicht, die haben auch bei Hans Hass nie zurückgeredet. Plaudertaschen sind eher Flösselhechte oder Mühlkoppen – wer hört denen schon zu, werden Sie sagen.

Schon richtig – das amerikanische Militär weiß aber ein Lied davon zu singen, wie man sich bei Unterwasserkommunikation täuschen kann. Die Horchposten der US-Navy hielten in Pearl Harbor die angreifenden japanischen U-Boote für Fischschwärme. So kann man auch baden gehen.

Wir taten das auch hin und wieder. An einem Fluss im afrikanischen Malawi waren wir dabei, Flusspferde zu filmen. Mit denen ist nicht zu spaßen – geraten Sie bloß nie zwischen Flussufer und Flusspferd, – auf ihrem Weg zurück ins Wasser mögen die Kolosse Hindernisse gar nicht gern. Das wussten wir und warteten einen günstigen Moment ab, um die Kamera am Ufer zu platzieren. Dann zogen wir uns zurück. Was wir wenig später sahen, gefiel uns gar nicht: Ein Krokodil steuerte genau auf die Kamera zu.

Mein großartiger Kameramann Christian sah mich fragend an und meinte: „Wenn das Viech jetzt zuschnappt, wird es die teuerste Gastroskopie der Weltgeschichte." Nicht gleich panisch werden. Es geht ja schließlich um die inneren Werte. Die Kamera blieb ungefressen, uns aber sollte der Hunger auch bald vergehen. Am Weg zurück zu unserer Lodge wollte unser afrikanischer Fahrer die Gelegenheit nicht verpassen, uns auf eine Spezialität des Landes einzuladen. Am Straßenrand standen einige Männer und Frauen, die Fleischspieße in die Luft hielten.

„Das müsst ihr probieren!", sagte George und hielt an. Gleich waren einige Verkäufer zur Stelle. Mich erinnerte die angebotene Köstlichkeit an Souvlaki, eine griechische Nationalspeise. Ja, da waren tatsächlich einige Happen aneinandergereiht. Dann schluckte ich. Das waren gegrillte – Mäuse. Als geübter Reisender wusste ich, dass man Einladungen nur schwer ablehnen kann. Da sah ich schon, wie George herzhaft in eine Maus biss und sie knurpsend zerkaute. „Schmeckt köstlich!", lachte er und sah sich unsere Grimassen an. Ich wollte gerade mit gefletschten Zähnen das Abbeißen eines Stückes von der Maus andeuten, als George die Seitenscheibe hinunterkurbelte und die Vorderzähne der Maus in den Straßenstaub spuckte. Ab diesem Zeitpunkt brachte ich von den verführerischen Nagern keinen Bissen mehr hinunter. George verzieh uns das brüske Ignorieren der Götterspeise. Es ging ja ums nackte Überleben. Das gelang mir auch beim Körperscanner – aber mit Abstrichen.

Zurück in Wien gestaltete ich einen Bericht über den Scanner, der einen in Sekundenschnelle nackt am Bildschirm erscheinen ließ. Nach der Ausstrahlung traf ich eine unserer Cutterinnen, berüchtigt für ihr loses Mundwerk. Ich sah ihr von Weitem an, dass sie etwas loswerden wollte. Dann kam es. „Ich habe die Sendung gesehen. Falls dein Schneider fragt: Du bist Linksträger.“ Danke, jetzt weiß ich das auch, liebe Ria.

MIGHTY MICKY MAUS

Mäuse haben es nicht leicht in der Forschung. Millionen von ihnen werden bei Tierversuchen eingesetzt, keine Tierart hat da mehr mitzumachen als die kleinen Nager. Als Modellorganismen sind sie unverzichtbar, um Medikamente oder Therapien zu testen, ohne sie gäbe es einiges nicht, was sehr vielen das Leben gerettet hat. Forschungsteams geben sich Mühe, ihnen das Dasein im Labor wenigstens einigermaßen artgerecht zu ermöglichen.

„Nur kein Stress, das verfälscht die Ergebnisse", sagen Kognitionsforscher am Institute for Science and Technology Austria in Klosterneuburg. Sie versuchen herauszufinden, wie Tiere und Menschen es schaffen, auch bei schnellen Bewegungen über die Augen ein scharfes Bild geliefert zu bekommen. Wie schafft es das Gehirn, Unschärfen herauszurechnen?

Was man weiß, ist, dass bei allen Wirbeltieren ein „Scharfstellzentrum" im Stammhirn existiert. Dort werden Muskelbewegungen und optische Reize ausgewertet. Bei schnellen Muskelbewegungen stellt das Gehirn auf einen anderen Modus um und das Bild bleibt scharf.

Und weil es eben Wirbeltiere betrifft, ist wieder einmal eine Maus im Einsatz. Forscher setzen sie auf eine größere Styroporkugel, die sich frei drehen lässt. Dann spielen sie der Maus über Video eine bewegte Umgebung vor. Gleichzeitig blicken sie mit einem eigens konstruierten Mikroskop in das Gehirn der Maus, um herauszufinden, wie dort die Bilder berechnet werden. Mit glänzenden Augen läuft der Nager durch eine virtuelle Welt, unter seinen kurzen Beinen dreht sich eine Erdkugel, die gerade einmal zwanzig Zentimeter groß ist. Man fragt sich, was in diesem kleinen Kopf gerade vor sich geht. Die Gehirnströme werden über Geräte ausgelesen, so bekommen die Forscher eine Ahnung davon, was die Maus erkennt, wo sie unruhig wird und wo sie sich entspannt. Katzenvideos werden ihr natürlich nicht vorgespielt, Horrorfilme sind nicht vorgesehen bei diesem Versuch.

Da es sich evolutionär betrachtet um ein sehr altes Hirnareal handelt, ist anzunehmen, dass das auch bei uns Menschen ähnlich funktioniert. Damit wird das menschliche Gehirn wieder um ein gutes Stück besser erforschbar und bei Menschen mit bestimmten Sehschwierigkeiten können Neurologen exakter einschätzen, wo das Problem liegen könnte. Maus sei Dank!

Mensch und Maus bestehen nicht nur aus Gehirn, sondern sie haben auch Muskeln. Sprachlich gesehen sind Mäuse sogar Muskeln, weil lateinisch „musculus" „Mäuschen" bedeutet. Ein angespannter Muskel unter der Haut sieht aus wie die Tierchen. So entstand das Wort.

Der Aufbau dieser Muskeln ist nicht nur durch Training verbesserbar, es gibt auch eine genetische Veranlagung dafür. Ende des 20. Jahrhunderts entdecken amerikanische Mediziner, dass das Gen Myostatin das Wachstum von Muskeln hemmt, um sie nicht zu groß werden zu lassen. Naheliegend ist dann, dieses Gen auszuschalten, um die Muskeln ungehemmt wachsen zu lassen. Wieder waren es Mäuse, die ihre Muskeln spielen lassen mussten. Und es funktionierte: Die „mighty mouse" war geboren, die starke Maus. Sie hatte doppelt so viel Muskelmasse wie ihre Verwandten, bei denen das Gen nicht deaktiviert worden war. Im deutsch-österreichischen Sprachraum wurde aus der „mighty mouse" schnell die „Schwarzenegger-Maus", benannt nach Arnold Schwarzenegger, der als muskelbepackter Bodybuilder in Hollywoodfilmen zu Weltruhm kam.

Bei der Vorbesprechung einer Wissenschaftsausstellung in Wien erzählen mir Forscher von einem Experiment, das sie für das Publikum machen möchten: Sie planen, Schwarzenegger-Mäuse gegen gewöhnliche Hausmäuse in einem sportlichen Wettkampf gegeneinander antreten zu lassen. In Laufrädern sollen Geschwindigkeit und Distanz gemessen werden. Das klingt doch nach einem lustigen Spektakel.

Wir beschließen, dem Mäuse-Vergleichskampf in unserer Spätnachrichtensendung „Zeit im Bild 2" eine Reportage zu widmen. Einige Tage vor dem großen Kampf besuche ich die Trainingslager der zwei Mäuseteams an der Veterinärmedizinischen Universität. Das Nagerduell in den Tretmühlen der Forschung wird veterinärmedizinisch überwacht. Die Tiere wurden nicht eigens dafür gezüchtet, sie stammen aus Forschungsstätten.

Beim Team Schwarzenegger knabbert der Athlet gelassen an einer Karotte. Nervosität ist ihm keine anzumerken. Warum auch? Mit 37,5 Gramm Wettkampfgewicht ist er umgerechnet um zwei Postkarten schwerer als sein Konkurrent. Er ist gedopt am Start. Der italienische Rennstall, für den die Maus läuft, ist ein Genforschungsinstitut bei Rom. Der rasante Gegner ist eine gewöhnliche Wiener Hausmaus. Ein unfairer Wettbewerb, schließlich ist der Herr im weißen Felldress durch illegales Gendoping zu Kräften gekommen. Aber auch im Rennstall der Wiener Hausmäuse ist von Aufregung nichts zu bemerken. Ihr schnellster Läufer schaukelt am Rücken liegend im Laufrad. Dass er entspannt ist, verwundert nicht: Bei den bisherigen Trainingsläufen lag er meilenweit vorne.

Der betreuende Tierarzt sagt mir, es hätte nicht wenige Anfragen von menschlichen Sportlern und Trainern gegeben, wie so ein Gen-Doping funktionieren würde. Es ist immer wieder verwunderlich, in welchen Forschungsstätten dubiose Herrschaften auftauchen und sich nach leistungsfördernden Methoden erkundigen. Nicht selten wurden so illegale Machenschaften aufgedeckt, nachdem Institute ihre Erlebnisse zur Anzeige gebracht hatten. Es geht hier also nicht nur darum, hochgezüchtete Mäuse zu beobachten.

In der Geschichte des Dopings ist bei den berüchtigten Anabolika gut nachvollziehbar, wie es zu solchen Fehlentwicklungen kommt. In den 1930er-Jahren entdeckten Wissenschafter das männliche Sexualhormon Testosteron. Es dauerte nicht lange und das Hormon konnte synthetisch hergestellt werden. Diese Substanzen wurden weiterentwickelt, um Menschen mit Muskelschwäche zu helfen, wieder zu Kräften zu kommen. Einige Zeit später setzten es Mediziner ein, um Menschen bei Hormonmangel einen Ersatz bieten zu können, auch bei Krebspatienten wurden positive Effekte erzielt.

Sehr genau beobachtet wurde das von Spitzensportlern und ihren

Trainern. In den 1960er-Jahren kam es vor allem im Bereich des Bodybuildings zu massivem Missbrauch der Anabolika. Bilder von sehr männlich aussehenden Sportlerinnen aus den ehemaligen Ostblock-Staaten gingen um die Welt. Leichtathleten, Sprinter, Schwimmer, Radfahrer – immer und immer wieder versuchen Spitzensportler, mit illegalen Substanzen nachzuhelfen. Die Behörden sind ihnen nicht zuletzt deswegen immer auf den Fersen, weil es wissenschaftliche Erkenntnisse sind, die zu den Mitteln geführt haben. Die Nachweismethoden werden immer genauer – aber auch Dopingsünder versuchen mit immer raffinierteren Methoden, Kontrolleure auszutricksen. Es bleibt ein Katz-und-Maus-Spiel. Maus gegen Maus, das ist natürlich etwas anderes. Und da zeigt sich, dass Doping nicht alles ist.

Das Rennen wird bei der Ausstellung live übertragen und ist eine klare Angelegenheit: Mit sechs Kilometern Tagesleistung gewinnen die Hausmäuse haushoch. Unter Wettbewerbsbedingungen scheinen die im täglichen Kellerkampf erprobten Nager doch die besseren Nerven zu haben. Geknickt seufzt der Trainer des Schwarzenegger-Teams: „Was soll ich tun – Mäuse sind halt auch nur Menschen."

TOILETTE-FEHLER

„Reich mir schnell eine Serviette!“, ruft Kommandant Tom Stafford, „da fliegt eine Kackwurst durch die Luft.“

„Ich war das nicht!“, verteidigt sich Pilot John Young, „das ist keine von meinen!“

Auch der Landemodul-Pilot Gene Cernan hat genug vom Corpus Delicti gesehen, um festzustellen: „Von mir ist das nicht!“ Der Kommandant bringt die Konsistenz als Verteidigung ins Spiel: „Meins war etwas klebriger!“

Das sind Zitate aus dem Bordfunk der Apollo-10-Mission im Mai 1969. Im Juli folgte die Mondlandung. Liest man in den technischen Archiven nach, wie die Sache angegangen wurde, verwundert es nicht, dass die Luft manchmal dick war da oben. Also von wegen Kloschüssel oder so: Nix da. Es gab kleine Säcke, „die Säcke der Erleichterung“, wie sie intern gerne genannt wurden. Diese wurden mit Klebestreifen möglichst hauteng an den Körper gedrückt. Waren sie dann einmal – hoffentlich nicht randvoll – gefüllt und ganz wichtig: verschlossen, mussten die Helden des Weltraums eine Desinfektionsflüssigkeit dazugeben und dann laut Anweisung: „Den Sack gut durchkneten.“ Dann landete das Ganze in einem Spezialcontainer.

Die zuständigen NASA-Installateure bekleckerten sich zunächst also nicht mit Ruhm. Eher die Astronauten sich mit anderem. Eindrucksvoll demonstriert hat das die Apollo-10-Mission. Abgesehen von der Festkörperphysik: Nur Männer waren an Bord, deswegen wurde ein Pissoir mit Rüssel installiert, der alles absaugte, was ihm in die Quere oder Länge kam. Sie können sich sicher auch als Frau vorstellen, wie zielsicher die Astronauten auf den Rüssel zuschwebten. Aber gut, für die Endposition gab es ja auch Fixier-Gurte, zum Umschnallen. Dann mussten die Herren Vertrauen haben, dass die Elektrik nicht irrtümlich auf Stufe Tornado eines Industriestaubsaugers umschaltet. Wird schon nicht passieren, aber wer kennt diese Urängste nicht.

Die verantwortlichen Techniker hielten in einer Nachbesprechung fest, es sei ihnen bewusst, dass die Prozedur von den Astronauten „einiges an Geschicklichkeit“ abfordere, um aber auch gleich einmal „nachzuwassern“: „Aus Ingenieurssicht hat das System sehr gut funktioniert.“ Auf Drängen der Astronauten wurde dann doch noch hinzugefügt: „Von der Besatzung wurde das System nicht gut bewertet.“ Klar war allen Beteiligten: Dieses Geschäft ist nicht kleinzureden, manche Hinterlassenschaft ist nicht nur für die Erben wichtig. Die Menschheit verlangt nach Aufklärung, wie man jenes Problem losgeworden ist, das aufgetaucht ist, weil Astronauten etwas nur sehr umständlich loswerden konnten.

Kaum etwas ist den Menschen ein größeres Bedürfnis, als zu erfahren, wie andere Menschen mit ihren dringenden Bedürfnissen umgehen. Mit schöner Regelmäßigkeit rauschte auch in Zukunft regelmäßig eine Meldung rund um den Globus, wenn auf der Internationalen Raumstation die Toilette ausfiel. Was bitte, machen die da oben in diesem Fall? Der Boulevard hat seine Schlagzeilen und berichtet genüsslich von der Besatzung, die „mächtig unter Druck steht“.

Interessant ist immer, wie man sich um ein Wort herumdrückt, das in den meisten Sprachen gerufen wird, wenn etwas ordentlich schiefgeht oder nicht funktioniert. Jeder kennt es, hat es Hunderte, ja Tausende Male gehört, fast jeder sagt es und doch ist es irgendwie unaussprechlich. Jäger haben immerhin das Wort Losung, aber die Lösung für die Entsprechung beim Menschen ist das auch nicht.

Irgendwie sind wir alle peinlich berührt davon, dass wir uns auf wenig elegante Weise von etwas trennen müssen, das der Rest dessen ist, was uns das Überleben sichert. Kinder lernen früh, dass das irgendwie pfui ist. Aber bei nahezu allen Lebewesen doch irgendwie unvermeidlich, was sie auch vom Hund Strolchi immer wieder mit allerlei Verrenkungen vor Augen geführt bekommen. „Wat mut, dat mut“, sagt der Berliner. Und alle Astronautinnen und Raumfahrer, die ich treffen durfte, sagten unisono: „Eine der ersten Fragen ist immer: ‚Wie geht ihr da oben aufs Klo?‘“

„Wir gehen nicht, wir schweben!“ Es klingt bei den Debatten

darüber immer so, als hätten sich erfahrene Techniker die Frage erst gestern gestellt, als habe die Raumfahrt im Wesentlichen ein einziges Ziel: sicherzustellen, dass im All genügend Toiletten installiert sind. Ja, es sind zu wenige.

Gleich über die erste Toilette im Weltraum, im US-amerikanischen Sky-Lab Modul, rümpfte die Welt die Nase. Mehrere Verstopfungen, und zwar nicht von den Astronauten, führten zu erheblichen Geruchsbelästigungen. Gut, das waren eben auch die Auftaktscharmützel der galaktischen Fäkalschlacht, die im Wesentlichen immer auf derselben Taktik beruht: Absaugen! Denn das mit der Spülung funktioniert in der Schwerelosigkeit ganz und gar nicht.

Im Weltraumjargon wird unterschieden zwischen „Geschäft Nummer 1" und „Geschäft Nummer 2". Für Geschäft Nummer 1 gibt es einen dicken Schlauch, ungefähr so wie bei einem Staubsauger. Ganz vorne ist eine Art Trichter – der ist für die Zielgerade. Vor dem Anvisieren aber bitte die Absaugung aktivieren, ein einfacher Hebel, der gedreht wird. Das funktioniert mittlerweile recht gut, auch aufgrund der eintrainierten Zielvorgaben der Weltraumagenturen. Der Urin wird gesammelt und in einem eigenen technischen Gerät in Trinkwasser umgewandelt. Also im Weltraum gilt: Der Tee von heute ist der Tee von morgen.

Für Geschäft Nummer 2 gilt de facto alias de fäkal dasselbe. Hier lautet das Gebot, frei nach den in Wien gebräuchlichen Sprüchen für Hundebesitzer: „Nimm ein Sackerl für dein Gackerl." Dieses wird in den sehr klein anmutenden Thron gegeben. Eine Kamera sorgt für die exakte Ausrichtung – die zeigt der Astronautin oder dem Kosmonauten, ob alles dort ist, wo es hingehört. Rückwärts einparken mit Assistenzsystem, den Rest erledigt der Sauger. Das pralle Sackerl landet dann unterhalb des Throns in einem Container – dieser wiederum wird ungefähr alle zehn Tage getauscht.

Die gesammelte wertvolle Fracht tritt dann entweder den Rückflug zur Erde an oder sie verglüht beim Wiedereintritt in die Erdatmosphäre – die teuerste Kläranlage der Menschheitsgeschichte. Wie wusste schon der römische Kaiser Vespasian, als er Gebühren für die

Benutzung öffentlicher Toiletten einhob: „Pecunia non olet." – Geld stinkt nicht.

Weltraumtoiletten sind teuer, ihre Entwicklung verschlang regelmäßig Dutzende Millionen Dollar. Und dann versagt The King of Thrones womöglich den Dienst. Was nicht nur ärgerlich, sondern gefährlich sein kann – auch hier auf Erden. Das haben schottische Wissenschafter nachgewiesen.

Unter dem monumentalen Titel „Der Zusammenbruch von Toiletten in Glasgow" dokumentieren drei Sanitärforscher – einer davon heißt nicht Toilet, sondern Tullet – den Kollaps von aus Porzellan gefertigten Kloschüsseln in Glasgow, was in drei Fällen zu Verletzungen geführt habe, die im Krankenhaus behandelt werden mussten. Mediziner diagnostizierten Platzwunden auf Gesäß und Rücken. Die lauten Schmerzensschreie aus den stillen Örtchen wären verhinderbar, so die messerscharfe Analyse der schottischen Schüsselkräfte, würde man sehr alte Toiletten erneuern. Bei Recherchen erfahren wir: Sie erhalten druckvolle Unterstützung von Herrn Baxter aus Nottingham: „Mir ist das 1971 als Lehrer in einer Schule bei Glasgow passiert, als die Toilette unter mir zusammengebrochen ist." Danach, so war zu erfahren, erlitt eine Schulklasse das gleiche Schicksal wie die Toilette. Sie brach zusammen – vor Lachen.

MI AU! SPRACHFEHLER BEI KATZEN

Sie mögen Katzen? Dann haben Sie in der Forschungsgemeinschaft jede Menge Gleichgesinnte. Kein Tier ist in den Gehirnen und in den Herzen von Wissenschafterinnen und Forschern so verankert wie Felis catus, die Hauskatze. Über die geistigen und gleichzeitig gefühlslastigen Schleichpfade hat es dieses Tier auch in diverse Studien und Untersuchungen geschafft. Kaum etwas scheint interessanter zu sein, als diesem kleinen domestizierten Raubtier auf eine Schliche zu kommen, die es oft gar nicht hat.

Es werden keine Mühen gescheut, um zu Forschungsgeldern oder Subventionen für Studien zu kommen, die ein Ziel haben: zu beweisen, wie einzigartig Kater Felix oder Katze Sumsi doch sind. Viele der bahnbrechenden Erkenntnisse werden hoffentlich in der Freizeit gewonnen, doch die vielen Veröffentlichungen in wissenschaftlichen Journalen legen den Schluss nahe: Da wird jemand dafür bezahlt.

Zum Beispiel, um den Beweis zu erbringen, dass Katzen Linksschläfer sind. Ein Forscherteam der Ruhr-Universität Bochum will das herausgefunden haben. Allein ihre Methode lässt einen wach werden: Die guten Leute haben sich YouTube-Videos von schlafenden Katzen angesehen. 408 nervenzerfetzende Aufnahmen von schlafenden Katzen. „Etwa zwei Drittel" lagen auf der linken Seite. Wer hätte das gedacht?

Und die investigativen Video-Spezialisten haben auch eine These, warum das so ist: Die linke Seite des Sehfeldes wird in der rechten Gehirnhälfte verarbeitet. Liegt die Katze auf der linken Seite, ist die rechte Gehirnhälfte oben – deswegen kann sie schneller reagieren. Verstehen Sie nicht? Ich auch nicht. Macht nix. Wurde nach einer Agenturmeldung trotzdem Hunderte Male im Internet abgeschrieben. Wichtig ist die Schlagzeile: Katzen sind Linksschläfer. Warum ein Drittel der intensiv beobachteten Katzen auf der rechten Seite büselte und ob nicht das eine oder andere Video gespiegelt wurde, spielt ja keine Rolle.

Um keine schlafenden Hunde in der Forschungslandschaft zu wecken, sichern sich die deutschen „Cat-Watcher" ab: „Weitere Faktoren können nicht ausgeschlossen werden", weitere Forschung sei sinnvoll. Es könnte ein Zeitproblem werden: Immerhin verbringen Katzen bis zu sechzehn Stunden am Tag mit Schlafen. Wer da ständig zuschauen muss, kann auch schnell einmal auf die linke Seite kippen. Zudem ist die Konkurrenz groß: Auch andere aufgeweckte Wissenschaftsstars schärfen die geistigen Krallen, um Licht ins Dunkel der nachtaktiven Beutegreifer zu bringen. Manche haben sogar direkten Zugang: Sie sprechen die Sprache der Untersuchten.

Es passierte in Lund in Schweden. Ein internationales Forschungsteam unter der Leitung einer schwedischen Linguistin dokumentierte über zehn Jahre die Lautäußerungen von – genau – Katzen. Was heißt Schnurren oder Fauchen – das wäre viel zu banal. Nach dieser tonangebenden Kommunikationsanalyse können Katzen Folgendes: schnurren, knurren, murmeln, fideln, heulen, jammern, trillern, schnattern, zischen, quietschen, jaulen und – ob Sie's glauben oder nicht: miauen. Auch nicht alle. Nadine, eine liebe Freundin von mir, hat eine Katze namens Mi. Weil sie Miau nicht und nicht auf der Katzenzunge liegen hat – es geht nur Mi. Au weh!

Seit ungefähr 10.000 Jahren leben Mensch und Katze irgendwie zusammen. Das prägte. Und zwar beide. Begonnen hat es damit, so vermuten Wissenschafter, dass die Tiere in den Kornkammern von Bauern ihre Lieblingsspeise in großer Zahl vorfanden: Mäuse. Das Miau ist nicht von der Maus abgeleitet, es entstand des Miaus wegen, nicht der Maus wegen. Irgendeines der Tiere dürfte herausgefunden haben, dass Menschen auf diesen Laut reagieren – es erinnert sie an Kinderweinen. Und das berührt sie. Katze war jetzt auch nicht dumm und machte ihren Jungen vor, wie man die Menschen am besten abrichtet. Miiiauuu.

Ach, wie süß, ach wie lieb. Aber sie selbst, die Katze, die braucht das nicht. Wieder ausgewilderte Katzen miauen so gut wie nie. Sie müssten ja auch bescheuert sein, allen Mäusen im Umkreis von hundert Metern via Miau mitzuteilen, dass es an der Zeit wäre, gefressen zu werden. Verwilderte Katzen oder sogenannte „Freigänger“, die via Katzenklappe die Umgebung unsicher machen, sind ja ohnedies ein Thema, bei dem Katzenfans immer mit scheu gefalteter Schnauze von „so ist halt die Natur“ faseln.

Nein, so ist die Natur nicht. Die Natur sieht nicht vor, dass sich ein kleines Raubtier in der warmen Wohnung den Wanst mit teuren Edelkonserven vollschlägt und dann ohne Hunger zu haben zum Spaß im Freien Tiere massakriert. Gesicherte Zahlen gibt es nicht wirklich, aber alle Erhebungen kommen zu einem ähnlichen Schluss: Hunderte Millionen Vögel werden in Europa jedes Jahr von Katzen getötet. Nicht nur das. Wenn Sie einmal gesehen haben, wie eine Katze einen jungen Wildhasen zu Tode martert oder einem gerade flügge gewordenen Singvogel die Flügel abbeißt, um ihn am Wegfliegen zu hindern, werden Sie zumindest nachdenklich. Nein, ich bin kein Katzenhasser. Aber ich bin für ein Problembewusstsein.

Wenn beim Nachbarn die Jungvögel die Nistkästen verlassen, wäre es zum Beispiel angebracht, dem geliebten Felix wenigstens für einen halben Tag den Ausgang zu verwehren. Wenn der Jäger sagt, die Hasen würden gerade ihre Sasse verlassen, muss es auch nicht sein, dass Mimi ihrem Jagdtrieb freien Lauf lassen darf. Von Mitte Mai bis Mitte Juli wenigstens in den frühen Morgenstunden den Wildtieren Ruhe zu gönnen, wäre schon ein Anfang. Um diese Zeit sind besonders viele Jungtiere unterwegs. Das wäre vielleicht auch einmal ein lohnender Ansatz für Katzenforschung. Denn die Tiere sind ja so was von raffiniert. Oft kennt man nicht einmal den Aggregatzustand.

Ein französischer Forscher der Universität Lyon belegte nicht mit Videos, sondern mit Katzenbildern, dass die flexiblen Tiere fest, flüssig oder in hohem Alter auch gasförmig auftreten können. Wie kann das sein? Nehmen wir eine Katze, die aus dem Fenster fällt.

Sie dreht sich immer so, dass sie auf den Pfoten landet. Die Form bleibt relativ konstant, also ist sie fest. Ganz anders eine Katze, die sich jeder erdenklichen Form anpasst – vom Blumentopf über die Schuhschachtel bis zur Obstschüssel. Eine solche Form der Anpassung schaffen doch nur flüssige Objekte. Die Katze rinnt in ihre Umgebung. Noch mutiger ist die These für die gasförmige Ausbreitung: Alte Katzen beanspruchen einen Platz, auch wenn er schon besetzt ist. Diese Form des Ausbreitens schaffen nur Gase. So wie die aus der Katze.

Wer über solche Forschung die Nase rümpft, sollte zur Kenntnis nehmen: Dafür wurde der Nobelpreis vergeben. Der IG-Nobelpreis für sinnlose Forschungsansätze. Da sind Katzenforscher gut vertreten. Sie bedanken sich für die Auszeichnung meistens mit einem „Miau!“ Wenn Joschi, mein Lieblingshund, ein Miau hört, schafft er als Katzen-Skeptiker nicht einmal ein „Wau!“ Es verschlägt ihm die Hundesprache und in 61,78 Prozent der Fälle kommt ihm nur ein fassungsloses „W?!“ über die Lefzen. Das sollte man linguistisch untersuchen.

EIN KLEINER HAKEN FÜR EINEN MENSCHEN …

Buzz Aldrin hatte es satt. Seit Monaten lief ihm ein Filmemacher nach, hielt ihm eine Bibel hin und forderte ihn auf, darauf zu schwören, dass er wirklich am Mond gewesen sei. Vor einem Hotel in Beverly Hills tauchte er wieder auf, lief ihm nach und rief: „Sie sind feige, Sie sind ein Lügner."

Aldrin holte aus und knallte dem 37-Jährigen einen rechten Haken ins Gesicht. Vor Gericht musste er nicht. Die Staatsanwaltschaft Los Angeles erklärte, es sei sehr unwahrscheinlich, dass der zweite Mann am Mond wegen einer Körperverletzung verurteilt werde. Aldrin war 1969 gemeinsam mit Neil Armstrong auf dem Mond gestanden. Dieser musste zeit seines Lebens eine andere Geschichte dementieren.

Armstrong habe nach der Landung, so die Erzählung, einen mysteriösen Satz zur Erde gefunkt: „Good luck, Mister Gorsky!"

Die Bodenkontrolle konnte sich nicht erklären, was damit gemeint war, niemand kannte einen Herrn Gorsky. Der Legende nach hat Armstrong als Kind im Garten gespielt, als er einen Ehestreit der Nachbarn belauschte. Frau Gorsky, die Ehegattin von Herrn Gorsky sagte voll des Zornes zu ihrem Mann: „Bevor wir beide noch einmal Sex haben, fliegt der Nachbarsjunge zum Mond!"

Als der gute Neil dann am Mond stand, soll er daran gedacht haben und dem solcherart pardonierten Ehemann alles Gute gewünscht haben. Eine hübsche Geschichte mit einem kleinen Fehler: Sie stimmt nicht. Der Funkspruch findet sich in keinem der Missionsprotokolle – ich habe sie genau gelesen und auch gehört. Armstrong selbst sagte, er habe den Witz schon gekannt, als er noch nicht in den Boulevardmedien aufgetaucht war. Mir selbst wird er auch immer wieder einmal erzählt – mit der Versicherung, man habe das genau überprüft, es stimme wirklich. Die Frage ist immer: Wer hat was überprüft?

Hat die österreichische *Kronen Zeitung* am 16. März 2011 nach dem Unfall im japanischen Kernkraftwerk Fukushima die Schlagzeile auf der Titelseite überprüft und für richtig gehalten? „Todeswolke über Tokio“ ist da in großen Lettern zu lesen. Auf Seite drei wird es physikalisch interessant: „Atomwolke erreicht Tokio.“ Hat irgendjemand angenommen, in einer herkömmlichen Wolke gäbe es keine Atome; die entstünden nur, wenn sie von einem havarierten Atomkraftwerk stammten? Eine Woche später weiß die Zeitung *Österreich*, wie weit es gekommen ist: „Atomwolke heute über Österreich.“ Zwar ist die Radioaktivität an diesem Tag gerade noch mit Spezialgeräten zu messen und es besteht keinerlei Gefahr, aber was geht schon über eine griffige Schlagzeile? Ratlos hinterlässt mich der Zwischentitel auf Seite fünf: „Schweiz setzt Kampfjets ein.“ Gegen die „Atomwolke“? Ach so, es ist ein Flugzeug mit Messgeräten an Bord, weil sie am Boden nichts gefunden haben. So tobt die Schlacht, wenn der Boulevard sich in die Welt der Wissenschaft vorwagt, um Schlagzeilen zu generieren.

Für Forscherinnen und Wissenschafter ist es oft sehr schwierig, ihr Fach zu vertreten. Was sagen Sie als Atomphysiker, wenn Sie ein Medium zu abstrusen Meldungen wie einer „Atomwolke“ befragt? Wer garantiert Ihnen, dass Sie nicht falsch zitiert werden, dass nicht Dinge aus dem Zusammenhang gerissen werden? Was sagen Sie als Astrophysiker, wenn eine Redakteurin Sie fragt, ob sie zufrieden mit Ihrem Horoskop sind? Wie erklären Sie als Biochemikerin einem Reporter, dass es den „genfreien“ Mais, den er besprechen will, nie geben wird?

„Die Schlagzeile ist eh schon fertig, wir brauchen nur noch einen Kommentar von Ihnen“, sagte ein junger Mann einmal ganz offen einem befreundeten Archäologen. Das ist respektlos und frech. Vertrauen in die Arbeit des jeweils anderen ist eine Voraussetzung für seriösen Wissenschaftsjournalismus.

„Ihr könnt gerne wiederkommen.“ Ein größeres Lob von einem Forscherteam kann ich mir kaum vorstellen. Wie oft haben wir sie mit unseren Regieanweisungen genervt, welch naive Fragen mussten sie sich anhören. Sie blieben geduldig, haben unsere Arbeit respektiert, so wie wir die ihre. Wenn dann nach einem langen Drehtag alle einigermaßen zufrieden sind, ist viel gewonnen.

Und ja, manchmal sind auch wir geduldig. Eine Kollegin dreht bei Menschen, die nach eigenen Angaben Kontakt ins Jenseits haben. Mit allerlei summenden Gerätschaften versuchen sie, geheimnisvolle Stimmen ausfindig zu machen, im Drüben zu fischen. Noch wird auf Digitalbändern aufgezeichnet. Nachdem sich stundenlang nichts tut, warnt der Kameramann die Redakteurin davor, dass die Video-Kassette bald zu Ende sein wird. „Das Band!“, flüstert er und zeigt auf das Aufnahmegerät. Plötzlich herrscht helle Aufregung: Die Stimme aus dem Jenseits hat „das Band“ gesagt! Was könnte das bedeuten?

Eine geheimnisvolle Botschaft, die sich als Gruß unter Redakteurinnen und Kameraleuten etabliert hat, wenn sie etwas nicht gleich verstehen. Hören Sie es auch?

ALS LEOPARD IM STUDIO

Pandemie, Lockdown. Die Sicherheitsvorkehrungen im ORF werden immer strenger. An einem Donnerstag im April 2020 heißt es plötzlich: Moderatoren und das Personal aus der Maske dürfen sich nicht mehr nahekommen, jede und jeder muss sich selbst schminken. In einem Schminkraum werde ich von einer der wunderbaren Maskenbildnerinnen, getrennt durch den vorgeschriebenen Respektabstand, aufgeklärt: Das hier ist das Make-up, hier das Puder und da sind die Deckcremen drin. Mit einem solcherart gefüllten Kosmetikbeutel schleiche ich durch die leeren Gänge zu meinem Büro.

Der nächste Live-Auftritt ließ nicht lange auf sich warten. Im Vorraum des Studios standen zwei kleine Tische mit einem Spiegel darauf. Vor einem der Spiegel saß mein Kollege Hans Bürger, der für die Innenpolitik ins Studio musste. Ich setzte mich an den zweiten Katzentisch. Wohlan. Angestrengt versuchte ich mich daran zu erinnern, was mir die Profi-Maskenbildnerin gesagt hatte, und beschloss, es richtig zu machen. Was sollte schon schiefgehen? Beherzt griff ich in eine Dose und verteilte Creme großzügig auf der Stirn – der größten Angriffsfläche, die ich ausmachen konnte. Ich fand das schon einmal ganz in Ordnung. Es galt jetzt nur noch, den Rest an diesen Teint anzugleichen. Das war dann aber nicht ganz so leicht. Plötzlich waren verschiedene Schattierungen zu sehen, die Übergänge glichen der Fugenmasse auf einer gefliesten Wand.

Du schaust aus wie ein Leopard, dachte ich mir. Allein, die Sendung begann und ich musste vor die Kamera. Blöd nur, dass ich bei meinen tapferen Schminkversuchen auch gleich einen Fleck auf meinem Sakko hinterlassen hatte. Tüpfelhyäne und Leopard waren optisch friedlich auf mir vereint. Es wurde eine Sendung, die man auch „Paradiese der Tiere“ hätte nennen können.

Unser Publikum ist dankenswerterweise ein sehr gnädiges und rügte mich nicht für meinen kosmetischen Ausflug in die Serengeti. Intern war es etwas anders: Aus unserer professionellen Maske erreichte mich nach der Sendung ein liebevolles E-Mail mit klarer Botschaft: „Lieber Herr Mayr. Ein BISSCHEN Abdeckpuder genügt an sich bei Ihnen."

Ich eilte auf die Toilette, um zu kontrollieren, was damit gemeint war. Ah ja. Man hätte mir locker vier Wochen in der prallen Sonne Jamaikas abgenommen, der solariumsgestählte Ex-Politiker Stefan Petzner war wahrscheinlich vor Neid erblasst. Ich wandte mich an meinen Leidensgenossen Hans, der mit mir im Studio gewesen war. „Kennst du dich da aus mit dem Schminken?"

Seine profunde Antwort: „Keinen blassen Schimmer – und den sieht man dann auch auf Sendung."

Fernsehen und Schminken sind untrennbar miteinander verbunden, jedenfalls seit es hochauflösendes HDTV gibt. Lassen Sie sich nie einreden, es ginge auch ohne Maske. Die heutigen Kameras liefern dermaßen gestochen scharfe Bilder, das Licht ist dermaßen gnadenlos, dass jede kleinste Delle im Gesicht zum Krater, jede Falte zum tertiären Gebirge wird. Mit entsprechenden Schatten. Womit Sie leben müssen, sind die Konsequenzen im täglichen Leben. Sanyi, ein lieber ungarischer Freund von mir, begrüßte mich eines Tages mit dem Satz: „Ich habe dich gerade im Fernsehen gesehen. Da sieht man, was man aus so einem Gesicht alles rausholen kann."

Profis aus dem TV-Geschäft werden Ihnen eines bestätigen: Ein perfektes Gesicht ist nicht die Garantie, dass Sie ernst genommen werden, eher das Gegenteil. Leicht asymmetrisch scheint uns als Zuschauern mehr zu gefallen als ein makelloses Haupt.

Dennoch ist es im Fernsehen oft viel wichtiger, wie Sie aussehen, was Sie anhaben als was Sie sagen. Eine schief sitzende Krawatte und Sie können erzählen, was Sie wollen. Das gilt auch bei Themen der Wissenschaft, wie ich während der Pandemie erfahren durfte. Nach einer sehr langen Sondersendung rief mich ein Freund an und kam auf meine Krawatte zu sprechen, die sich offenbar im Laufe der Sendung gelockert hatte.

„Ich habe nicht gewusst, dass das Abstand-Halten auch für Krawattenknoten gilt", war sein Kommentar.

Der blasse Schimmer – er fehlt uns bis heute. Gepriesen sei der Tag, an dem die Sicherheitsvorkehrungen gelockert wurden und wir uns wieder den kundigen Händen unserer Profis in der Maske anvertrauen durften.

EILIGE NACHT

Wir konnten nicht widerstehen. Nach vielen Anfragen von Kindern und Eltern nahmen wir uns der Sache an. Die vermeintlich simple Frage der kleinen Zuschauer: „Kann man berechnen, wie schnell der Weihnachtsmann sein muss, damit er an einem Abend allen Kindern der Welt ihre Geschenke bringen kann?" Na gut.

Zunächst einmal mussten wir die Ausgangslage und die Parameter festlegen. Wir gingen von Kindern bis zu einem Alter von 14 Jahren aus. Nach guten Schätzungen sind ein Drittel der Kinder weltweit dem christlichen Glauben zuzuordnen und kommen für den Weihnachtsmann infrage. Ja, es stimmt, der Weihnachtsmann ist in vielen Ländern das Christkind. Aber, tolerant wie er nun einmal ist, wird er auch die Kinder beschenken, die ihn eigentlich anders kennen. Ein Drittel aller Kinder weltweit ergibt ungefähr 700 Millionen. Wenn wir jetzt davon ausgehen, dass in jedem Haushalt drei Kinder wohnen, dann muss der Weihnachtsmann bei 233 Millionen Haushalten vorbeischauen. Mit diesen Basiszahlen ausgestattet, begann ich meine weiteren Berechnungen. Den Weihnachtsmann erreichte ich trotz mehrmaliger Versuche nicht persönlich, deshalb kontaktierte ich einige befreundete Physiker und Weltraumspezialisten, die sich sofort mit Begeisterung in den Dienst dieser guten Sache stellten. Zur Vorweihnachtszeit wurde die Kalkulation bei Glühwein und Bier in einem Lokal in der Nähe eines Weihnachtsmarktes nachhaltig besprochen.

Großzügig gaben wir dem eiligen Weihnachtsmann ein Zeitfenster von 12 Stunden für die weltweite Zustellung. Natürlich muss man dazurechnen, dass er mit seinem Rentiergespann auch Zeitzonen überfliegt. Mit fairem Säumniszuschlag wegen möglicher unwirtlicher atmosphärischer Bedingungen einigten wir uns als Disponenten auf 36 Stunden Maximalarbeitszeit. Es ist Weihnachten, da wollen wir nicht so sein.

Der Fracht-Spezialist unserer Weltraum-Taskforce hatte schnell ermittelt, dass wir hier nicht mit kleinem Gepäck reisen konnten. Wenn der gute Santa Claus jedem Kind ein Geschenk mit einem Kilogramm Gewicht bringen sollte, kam er auf einen Speditionsauftrag mit 700.000 Tonnen. Das wären schlanke 17.500 Sattelzüge mit je vierzig Tonnen Nutzlast. Doch Rentiere sind bekanntlich stark – die könnten das schon hinkriegen.

„Transportversicherung würden wir keine abschließen", empfahl die Weihnachts-Neigungsgruppe Mathematik nach einer weiteren Tasse Glühwein.

„Die Zeitachse, die Zeitachse!", riefen die Physiker mit erhobenem Bier und Zeigefinger. Das durfte natürlich auch nicht übersehen werden. Bei 233 Millionen Haushalten und 36 Stunden Einsatzzeit müsste der Weihnachtsmann pro Sekunde – ich nahm einen großen Schluck von meinem Bier – 1797 Haushalte besuchen. Pro Besuch bliebe ihm also gut eine halbe Millisekunde – inklusive Kaminfahrt und allem. „Die arme Sau!", flüsterte mir meine Bekannte von der Technischen Uni Wien ins Ohr. Doch die hatte als gelernte Quantenphysikerin gleich eine andere Idee.

„Wir könnten ihn teleportieren. Nach der Zwillingsteilchentheorie kann er gleichzeitig an verschiedenen Orten sein."

Das stimmte prinzipiell und gerade die Physiker in Wien hatten mit ihren Versuchen, Teilchen zu „beamen", weltweit für Schlagzeilen gesorgt. Wer, wenn nicht Santa Claus mit seinen himmlischen Kräften konnte da infrage kommen? Den Kindern dieser Welt würde es nicht auffallen, dass da ein und derselbe Weihnachtsmann mehrfach auftrat. Damit könnten sich viele der Rauschebärte die Arbeit aufteilen.

Die Festkörperphysiker am Tisch begannen zu murren.

„Also, was da bis jetzt gebeamt worden ist, sind ein paar winzige Lichtteilchen, und davon gerade einmal ein paar Stück. Bei den Massen, von denen wir reden, ist das ein frommer Wunsch. Da sind die Grenzen schnell erreicht, vor allem bei einem traditionell übergewichtigen Weihnachtsmann, und schon gar bei einem Rentiergespann mit 700.000 Tonnen Achslast. Wenn ich dir da die notwendigen

Kilo-Newton zusammenrechne, da brauchst du drei sehr starke Gewichtheber." Die Quantenphysikerin gab sich verschnupft: „Wie kann man so nüchtern an das Fest der Freude herangehen?"

Ha, nüchtern! Ihr Einwand ging in Trinksprüchen unter. Neben mir machte sich ein Statistiker und Hobby-Pilot Gedanken, welche Tragflächen das Rentiergespann haben müsste, um in der Luft zu bleiben.

„Frachtmaschine Antonov von den Russen schafft 250 Tonnen Nutzlast und hat so um die 900 Quadratmeter Flügelflächen. Mit Sack und Pack bräuchte der Herr Weihnachtsmann die Tragfähigkeit von 2800 Antonovs – da kämen wir dann in Summe auf gute zwei Quadratkilometer Tragflächen. Naja." Als er dann noch die Schubkraft von 2800 Antonovs zusammengerechnet hatte, erhob er sich seufzend, murmelte „da zerreißt es alles" und ging auf die Toilette.

Die Astronomin am Tisch war auf einem Bauernhof aufgewachsen. Sie stellte sich die Frage, wer die Rentiere auf ihrer Express-Fahrt mit Nahrung versorgen könnte. Und ob nicht intergalaktische Futterkrippen es möglich machen könnten, dass Rentiere in ein anderes Sonnensystem gelangten.

„Wenn es da draußen irgendwo tatsächlich eine zweite Erde gibt, dann haben wir immerhin schon einmal Rentiere und einen Weihnachtsmann dort", sinnierte sie. In blumigen Worten schilderte sie uns die ferne neue Heimat des Weihnachtspaketzustelldienstes.

Der Pilot blickte etwas skeptisch. „Wie viel Heu frisst so ein Rentier pro 100 Kilometer Wegstrecke?", hakte er nach.

Die Astronomin war nicht verlegen: „Wo denkst du hin, bei solchen Distanzen wird anders gerechnet und die Ernährung umgestellt. Pro Rentier und Lichtjahr würde ich acht Millionen Most- oder wegen der Lichtgeschwindigkeit: Glühbirnen veranschlagen."

Einer der Physiker kritzelte gerade den vierten Bierdeckel voll und schüttelte fortlaufend den Kopf. Endlich klopfte er mit seinem Kugelschreiber heftig an sein Bierglas und hob an zu deklamieren. „Also es wär' bitte Folgendes: Das wird eine hochrasante Geschichte. Ich hoffe, es gibt keine Tempolimits, sonst wird es auch noch sehr teuer.

Bitte: Bei günstigster Routenplanung muss der gute Mann mit 150.000 Kilometer pro Sekunde unterwegs sein, um alle Wegpunkte zu erreichen. Das ist ungefähr halbe Lichtgeschwindigkeit, die gilt übrigens auch in der Dämmerung. Das ist, sagen wir es unchristlich: Verdammt schnell. Ich ließe mir noch einreden, dass es im Weltraum theoretisch denkbar wäre. Aber der Weihnachtsspediteur ist ja hauptsächlich in der Atmosphäre unterwegs. Und es tut mir leid, Kinder, das bedeutet erheblichen Luftwiderstand. Da wird ihm mehr als warm ums Herz. Bei der Reibung in der Atmosphäre ist er samt Rentiergespann in einer 4-Tausendstelsekunde verglüht."

„Verglühwein, noch eine Runde Verglühwein!", jubelte die Quantenphysikerin. Just in dem Moment kam die Kellnerin mit neuen Getränken. Sie hatte eine Weihnachtsmütze auf.

„Geht das nicht schneller, Frau Weihnachtsmann?!", feixte der Physiker. „Was ist denn mit euch los?", fragte die Kellnerin, als wir uns vor Lachen krümmten. Ich bin sicher, sie hat nie so viel Trinkgeld erhalten wie an diesem Abend. Irgendwann kommt er ja doch, der Weihnachtsmann. Langsam halt.

DER AUTOR

Günther Mayr wurde in Bregenz geboren und verbrachte seine Jugend auf einem Bergbauernhof in Murau / Steiermark. Er studierte Kommunikations- und Politikwissenschaft in Wien.

Seine journalistische Laufbahn begann er beim ORF-Landesstudio Kärnten. Ab Mitte der 1990er-Jahre war er Redakteur des ORF-Wissenschaftsmagazins „Modern Times“, von 2007 bis 2025 Leiter der Wissenschaftsredaktion des ORF. Seit 2021 ist er Moderator und Sendungsverantwortlicher der ORF-Wissenschaftssendung „Mayrs Magazin“.

Bei Ueberreuter ist bereits sein Krimi „Herr Kuranaga. Ein Samurai zwischen Sushi und Schweinsbraten“ erschienen.